Jane Appiaduah Odei

Factores associados ao aleitamento materno exclusivo de gémeos ganeses

Jane Appiaduah Odei

Factores associados ao aleitamento materno exclusivo de gémeos ganeses

ScienciaScripts

Cover image: www.ingimage.com

This book is a translation from the original published under ISBN 978-620-2-05048-7.

Publisher:
Sciencia Scripts
is a trademark of
Dodo Books Indian Ocean Ltd. and OmniScriptum S.R.L publishing group

120 High Road, East Finchley, London, N2 9ED, United Kingdom
Str. Armeneasca 28/1, office 1, Chisinau MD-2012, Republic of Moldova, Europe
Printed at: see last page
ISBN: 978-620-8-24328-9

ÍNDICE

DEDICAÇÃO

Este trabalho é dedicado aos meus queridos pais, Sr. e Sra. James e Joana Odei, cujo amor inabalável, apoio e encorajamento permitiram o nascimento deste livro.

AGRADECIMENTOS

Agradeço ao Deus Altíssimo, sem o qual não poderia ter iniciado este trabalho. A sua força, graça e orientação trouxeram-me de facto até aqui e estou-lhe muito grato.

As grandes realizações nunca são possíveis sem as diversas contribuições de grandes homens e mulheres e este livro não é exceção. Agradeço sinceramente a orientação e o apoio recebidos dos meus supervisores; Prof Anna Lartey e Dra. Gloria Otoo. Agradeço ao Prof e ao Centro Internacional de Investigação para o Desenvolvimento (IDRC), Canadá, pelo apoio financeiro recebido para o projeto de investigação.

A minha gratidão vai também para todo o pessoal do Centro de Investigação em Nutrição do Instituto de Investigação em Ciências Médicas e Radiológicas da Comissão de Energia Atómica do Gana (GAEC), Kwabenya, em particular a Sra. Theodosia Adom, a Dra. Rose Boatin e o Sr. David Bansa, bem como os Srs. Dominic Datohe, Kennedy e Aku Sika. Parabéns a toda a equipa pela oportunidade de trabalhar e aprender convosco; por fornecerem equipamento para o projeto de investigação e também por ajudarem na análise das amostras.

Agradeço à direção e ao pessoal do Tema General Hospital, da Ashaiman Polyclinic e do New Crystal Hospital a sua cooperação no recrutamento dos participantes na investigação. Estou sinceramente grata às mães lactantes que ofereceram os seus preciosos bebés, tempo e esforço para participarem.

Por último, mas não menos importante, agradeço ao meu querido marido Jehoshaphat Hassan e a outros familiares e amigos adoráveis, nomeadamente Alexander Odei, Eric Odei, Emmanuel Odei, Esther Odei, Nana Afia Asante-Ntim, Joellen Jantuah, Gifty Ampah e Isaac Agbemafle, que contribuíram de diversas formas para o êxito deste trabalho.

LISTA DE ABREVIATURAS

AOR:	Adjusted Odds Ratio
APC:	Ashaiman Polyclinic
BFHI:	Baby-Friendly Hospital Initiative
BSES-SF:	Breastfeeding Self-Efficacy Scale-Short Form
CS:	Caesarean Section
CWCs:	Child Welfare Clinics
EBF:	Exclusive Breastfeeding
FTIR:	Fourier Transform Infrared Spectrophotometry
GDHS:	Ghana Demographic and Health Survey
HIV:	Human Immunodeficiency Virus
IRMS:	Isotope Ratio Mass Spectrometry
LBW:	Low Birth Weight
MICS:	Multiple Indicator Cluster Survey
MTCT:	Mother-to-Child Transmission
NICU:	Neonatal Intensive Care Unit
OPD:	Out-Patient Department
SGA:	Small for Gestational Age
TGH:	Tema General Hospital
UNICEF:	United Nations Children's Fund
WHO:	World Health Organization

CAPÍTULO 1

1.0 INTRODUÇÃO

1.1 Informações de base

Em todo o mundo, o aleitamento materno continua a ser o método mais importante de alimentação dos bebés, especialmente nos primeiros seis meses de vida. Este facto é atribuído aos muitos benefícios indiscutíveis que o aleitamento materno confere à saúde tanto das mães como dos bebés. Está bem documentado que os bebés amamentados têm uma menor incidência de infecções do trato respiratório e diarreicas (Talayero *et al.*, 2006; Dewey *et al.*, 1995). Isto deve-se ao facto de o leite materno conter vários factores imunológicos, como a imunoglobulina A, que protegem o bebé de contrair infecções. Um estudo realizado por Talayero *et al* (2006) revelou que os bebés amamentados exclusivamente têm menos probabilidades de serem hospitalizados do que os bebés não amamentados exclusivamente, sendo que a incidência de visitas ao hospital durante o primeiro ano de vida diminui à medida que a duração da amamentação aumenta. Além disso, foi demonstrado que os bebés amamentados apresentam uma função cognitiva mais elevada (Lucas *et al.*, 1992). Para além dos benefícios para os bebés, as mães que amamentam exclusivamente também beneficiam imensamente, na medida em que têm um retorno retardado da ovulação, bem como taxas mais baixas de cancros do ovário e da mama (American Academy of Paediatrics, 2005; Tung *et al.*, 2003). Nunca é demais realçar a forte ligação que se estabelece entre as mães e os bebés durante o processo de amamentação (Yokoyama *et al.*, 2005).

Com base nestas e noutras provas científicas, a Organização Mundial de Saúde (OMS) recomendou, em 2002, o aleitamento materno exclusivo dos bebés durante os primeiros seis meses de vida. O aleitamento materno exclusivo é definido como a alimentação de um bebé apenas com leite materno, sem dar água, alimentos à base de água ou fórmulas, exceto medicamentos como sais de reidratação oral (SRO) e xaropes (OMS, 2002).

No entanto, a recomendação não diz exatamente o que as mães com nascimentos múltiplos devem fazer, tendo em conta os desafios envolvidos nos cuidados a este grupo de bebés. Mais uma vez, apesar dos inúmeros benefícios do aleitamento materno exclusivo (AME) para os bebés, as mães e a sociedade em geral, a taxa de AME do Gana tem vindo a diminuir de 63% em 2008 para 46% em 2012 (GNA, 2012). É importante notar que, se a taxa de AME está a diminuir mesmo entre os filhos únicos, então a taxa entre os gémeos e outros múltiplos pode provavelmente ser muito mais baixa, tendo em conta o esforço adicional necessário para cuidar de mais do que um bebé ao mesmo tempo. A nível mundial, a África Subsariana (ASS) tem a taxa média mais elevada de gémeos, de 20 por 1000 nados-vivos, enquanto a Europa e a Ásia têm taxas de 10 e 5-6 por 1000 partos, respetivamente (Olusanya, 2011; Bulmer, 1970). Na África subsariana, as regiões do sudoeste da Nigéria, em particular a tribo iorubá, apresentam a taxa mais elevada de gémeos a nível mundial, com uma incidência média de 50 nascimentos de gémeos por 1000 partos (Akinboro *et al.*, 2008; Mosuro *et al.*, 2001; Bulmer, 1970). No Gana, embora a taxa de nascimentos de gémeos não seja tão elevada como a observada na tribo nigeriana Yoruba, continua a ser considerada uma das mais elevadas. Mosuro e colegas (2001) estabeleceram que a incidência de nascimentos gemelares em Accra, durante um período de 12 anos (19881999), foi de 33,4 nascimentos gemelares por 1000 partos, enquanto a taxa em Kumasi, durante um período de 15 anos (1985-1999), foi de 26,6 nascimentos gemelares por 1000 partos. Assim, por cada 33 nascimentos de gémeos em Kumasi, em 1999, houve um parto de gémeos, ao passo que em Accra houve um parto de gémeos por cada 21 nascimentos de gémeos no mesmo ano (Mosuro *et al.*, 2001). Independentemente do facto de o número de gémeos no Gana não ser tão elevado como o de nascimentos únicos, é provável que a população de gémeos tenha aumentado, tendo em conta o atual crescimento da população e o aumento das taxas de gemelaridade na maioria dos países desenvolvidos e em desenvolvimento (Smits e Monden, 2011). Os nascimentos de gémeos têm sido associados a determinados riscos e complicações nutricionais, tais como uma maior probabilidade de nascer pré-termo (antes das 37 semanas de gestação), uma maior probabilidade de ter um baixo peso à nascença (< 2,5 kg) e um maior risco de desenvolver paralisia cerebral, especialmente à medida que o peso à nascença diminui (Vassilaki *et al.*, 2012; Yokoyama *et al.*, 2006). Além disso, os gémeos e outros múltiplos, mesmo quando nascem de termo, têm cerca de 4-5 vezes mais probabilidades de morrer antes do seu primeiro aniversário do que os filhos únicos (Fierro, 2012). As mães com gravidezes múltiplas também são consideradas como estando em risco elevado de stress, complicações e mortalidade e, por conseguinte, são mais propensas a dar à luz por cesariana (Boseley, 2009).

Por conseguinte, é importante realizar investigação sobre os factores que melhoram ou dificultam o AME em grupos de alto risco, como os gémeos. Isto ajudaria a desenvolver estratégias que poderiam melhorar as taxas de AME entre os gémeos, bem como reduzir significativamente a mortalidade perinatal e infantil entre este grupo de crianças.

1.2 Quadro concetual

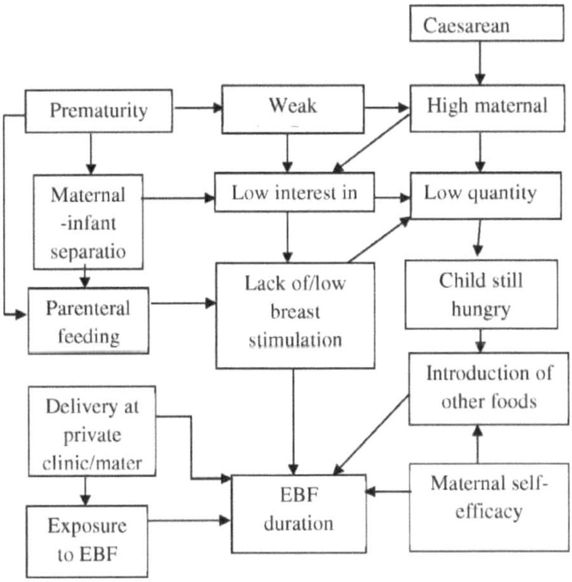

Fig. 1.1: Representação esquemática dos factores que afectam o aleitamento materno exclusivo

1.3 Justificação

Considerando a importância do AME para a saúde das mães e dos bebés, juntamente com a taxa relativamente elevada de nascimentos de gémeos no país, é crucial que as mães de gémeos sejam encorajadas a amamentar exclusivamente os seus bebés para garantir uma saúde óptima. No entanto, isto não pode ser feito eficazmente sem uma compreensão aprofundada dos factores que influenciam o AME entre gémeos. Além disso, a falta de informação sobre as práticas de aleitamento materno entre as mães de gémeos no Gana dificulta a resolução de quaisquer dificuldades enfrentadas por essas mães. Este estudo foi realizado para identificar as barreiras ao AME entre as mães que amamentam gémeos.

1.4 Objetivo principal

Este estudo procurou identificar os factores associados ao aleitamento materno exclusivo de gémeos no Gana.

1.5 Objectivos específicos

1. Identificar os factores associados ao EBF de gémeos.

2. Determinar a duração do aleitamento materno para as mães de gémeos.

3. Estimar o volume médio diário de leite materno produzido por mães que amamentam gémeos versus mães que amamentam solteiros, utilizando o método de diluição de isótopos

estáveis.

1.6 Importância do estudo

A informação sobre os factores que dificultam ou favorecem o AME ajudaria os profissionais de saúde e os conselheiros de lactação a fornecerem aconselhamento adequado sobre aleitamento materno exclusivo às mães de gémeos, ajudando assim a reduzir a mortalidade infantil resultante de práticas de aleitamento materno sub-óptimas.

CAPÍTULO 2

2.0 REVISÃO DA LITERATURA

2.1 Benefícios do aleitamento materno exclusivo (AME)

A OMS (2002) recomendou o aleitamento materno exclusivo durante os primeiros seis meses após o parto como a melhor prática de alimentação infantil. Isto deve-se aos inúmeros benefícios que o AME proporciona à saúde das mães e dos bebés. Foi estabelecido que os bebés amamentados exclusivamente ao peito têm uma menor incidência de infecções do trato respiratório e diarreicas. Além disso, esses bebés têm um risco menor de otite média aguda, asma, alergias, deficiências nutricionais, cancros e obesidade (Ladomenou *et al.,* 2010; Talayero *et al.,* 2006; Dewey *et al.,* 1995). A presença de factores imunológicos como a imunoglobulina A no leite materno protege o bebé de contrair infecções. Talayero e colegas (2006) referiram que os bebés que são amamentados exclusivamente têm menos probabilidades de serem hospitalizados do que os bebés que não são amamentados exclusivamente. Sugeriram ainda que a incidência de visitas hospitalares durante o primeiro ano de vida diminui à medida que aumenta a duração do aleitamento materno. Foi também demonstrado que os bebés amamentados exclusivamente ao peito apresentam uma função cognitiva mais elevada do que os bebés não amamentados exclusivamente ao peito (Lucas *et al.,* 1992). Este facto deve-se à presença de ácido docosahexaenóico no leite materno, que também contribui para o crescimento e o desenvolvimento de olhos e sistema nervoso saudáveis (Drover *et al.,* 2011; Jprgensen *et al.,* 2001). Para além dos benefícios para os bebés, as mães que amamentam exclusivamente experimentam um atraso no regresso da ovulação, bem como taxas mais baixas de cancro da mama nos ovários e na pré-menopausa (American Academy of Paediatrics, 2005; Tung *et al.,* 2003). Durante o processo de amamentação, é fomentada uma forte ligação entre as mães e os bebés (Yokoyama *et al.,* 2006). Para além disso, o aleitamento materno exclusivo durante os primeiros 6 meses tem sido associado a uma perda de peso mais rápida da mãe no pós-parto (Dewey *et al.,* 2001). Em países com recursos limitados que também têm uma elevada carga de transmissão e infeção pelo VIH, verificou-se que o AME durante os primeiros 6 meses diminui a probabilidade de transmissão vertical (MTCT) do VIH em comparação com a alimentação mista (Iliff *et al.,* 2005). Os ganhos financeiros obtidos pela família com a FEB, em comparação com a alimentação mista ou a alimentação com fórmula, são outra vantagem que merece ser mencionada (Ladomenou *et al.,* 2010). Isto porque o dinheiro que teria sido gasto na compra de fórmulas infantis e o tempo envolvido na sua preparação para o bebé seriam ambos poupados (Bartick, 2011). Além disso, uma vez que os bebés alimentados com AME têm menor incidência de morbilidade, o dinheiro que teria sido gasto em internamentos hospitalares e medicamentos seria poupado (Bartick, 2011; Bartick e Reinhold, 2010).

Com base nessas e em outras evidências científicas, a Organização Mundial de Saúde (OMS), em 2002, recomendou o aleitamento materno de bebês nos primeiros seis meses de vida como política de saúde pública. A recomendação é, no entanto, omissa quanto ao que as mães de nascimentos múltiplos (gémeos) devem fazer exatamente, tendo em conta os desafios inerentes aos cuidados a prestar a este grupo de crianças.

2.2 Prevalência do AME

2.2.1 Prevalência global de EBF

A OMS recomenda um objetivo de cobertura universal de 90% para o AME, a fim de evitar 13-15% dos 9 milhões de mortes anuais de crianças com menos de cinco anos em países de baixo e médio rendimento (Jones *et al.,* 2003). No entanto, a prevalência do AME até aos 6 meses ainda está longe deste objetivo, tanto nos países em desenvolvimento como nos países desenvolvidos.

De acordo com a UNICEF, a taxa global de aleitamento materno para bebés com menos de 6 meses de idade entre 2000 e 2007 foi de 38% (UNICEF, 2008). No mesmo período, apenas 23% dos bebés com menos de 6 meses foram amamentados exclusivamente na África Ocidental e Central, enquanto uma taxa ligeiramente superior (26%) foi registada no Médio Oriente e no Norte de África (UNICEF, 2008). As taxas de AME de 39%, 43% e 44% foram observadas na África Oriental e Austral; na Ásia Oriental e Pacífico; e no Sul da Ásia, respetivamente (UNICEF, 2008). Do mesmo modo, um estudo recente de Cai e colegas (2012), que avaliou a prevalência do AME em bebés de 0-5 meses entre 1995 e 2010, concluiu que a prevalência do AME nos países em desenvolvimento em 2010 era de 39%. Esta taxa, embora baixa, representou um aumento de 6% em relação à taxa de 33% registada em 1995.

Nos EUA, embora o objetivo nacional de prevalência do AME aos 3 meses e aos 6 meses tenha sido fixado em 40% e 17%, respetivamente, a prevalência nacional em 2010 era de 33% e 13,3% aos 3 e 6 meses, respetivamente (CDC, 2010). Em 2012, no entanto, a prevalência aumentou para 36% e 16,3% aos 3 meses e 6 meses, respetivamente (CDC, 2012). Apesar do aumento, a taxa de AME continua baixa. No Irão, 82% dos bebés com um mês de idade foram amamentados exclusivamente no primeiro mês, 44% no quarto mês e apenas 2% no sexto mês (Koosha *et al.,* 2008). Outro estudo também realizado no Irão sugere uma taxa de 57% aos 4 meses e de quase 28% aos 6 meses (Olang *et al.,* 2009). É óbvio, a partir das estatísticas dos vários países e regiões, que a taxa de AME no período pós-parto imediato é geralmente mais elevada do que a taxa observada 4 meses após o nascimento. Em alguns destes contextos, factores como o baixo estatuto socioeconómico, a educação materna e políticas e programas de aleitamento materno inadequados têm sido citados como contribuintes para as baixas taxas de AME observadas (Olang *et al.*, 2009; Koosha *et al.*, 2008).

2.2.2 Prevalência do AME em África

Em África, a história não é diferente, devido a práticas de aleitamento materno abaixo do ideal. Na Etiópia, por exemplo, confirmou-se que práticas como descartar o colostro, servir água e manteiga aos bebés após o nascimento, introduzir alimentos pré-lactação, bem como posicionamento e fixação inadequados contribuem para as baixas taxas de AME (Tamiru *et al.*, 2012). De acordo com o Inquérito Demográfico e de Saúde da Etiópia de 2005, 49,0% dos bebés com menos de 6 meses eram exclusivamente amamentados (Alemayehu *et al.*, 2009). Um estudo transversal na Tanzânia que avaliou os conhecimentos e a prevalência do AME numa das principais regiões do país estimou que, das 402 mães que consentiram em participar no estudo, 86% tinham bons conhecimentos sobre o AME, mas apenas 58% amamentavam exclusivamente os seus bebés até aos 6 meses (Nkala e Msuya, 2011). Um estudo relacionado realizado na Nigéria por Ukegbu e colegas (2011) também apoiou a observação de que, embora 91,2% dos participantes entrevistados tivessem conhecimentos muito sólidos sobre amamentação, apenas 37,3% praticavam o AME até 24 semanas após o parto. Assim, é evidente que o simples facto de ter um bom conhecimento sobre o AME não sugere que as mães passem automaticamente a amamentar exclusivamente, embora o conhecimento seja vital para melhorar as taxas de AME. Por conseguinte, é necessária uma abordagem holística para melhorar significativamente as taxas de aleitamento materno exclusivo.

2.2.3 Prevalência do aleitamento materno no Gana

A taxa de aleitamento materno no Gana aumentou de forma constante de 7% em 1993 para 31% em 1998 e depois para 53% em 2003 (GDHS, 2008). Os resultados do Inquérito Demográfico e de Saúde do Gana de 2008 (GDHS) sugerem que a percentagem de crianças ganesas que já foram amamentadas se situa entre 97 e 98%. No mesmo período, a percentagem de bebés que iniciaram a amamentação no espaço de uma hora após o parto foi de 52%, um aumento de 6% em relação ao valor de 2003 de 46%. Além disso, 82% dos bebés com menos de 2 meses de idade foram amamentados exclusivamente. Por outro lado, apenas 49% dos bebés continuavam a ser amamentados exclusivamente por volta dos 4 a 5 meses. Além disso, em 2008, 63% dos bebés com menos de 6 meses foram amamentados exclusivamente. Apesar de se tratar de uma melhoria em relação à taxa de 53% registada em 2003, esta ainda estava abaixo do objetivo de cobertura de 90% recomendado pela OMS. Os resultados do recente Inquérito de Indicadores Múltiplos (MICS) sugerem que a taxa de AME diminuiu de 63% para 46% (GNA, 2012).

Conforme relatado pelo GDHS de 2008, as práticas de alimentação sub-óptimas, tais como a introdução precoce de água, sumos, fórmulas infantis, alimentos complementares semi-sólidos e sólidos, ainda persistem em muitas partes do país. A cultura segundo a qual os bebés são alimentados com alimentos pré-lácteos é considerada mais comum nas regiões de Ashanti,

Oeste, Alto Este e Centro, com mais de uma em cada quatro crianças a receber alimentos pré-lácteos (GDHS, 2008). O inquérito estabeleceu ainda que, para além de receberem leite materno, 3% dos bebés com menos de 6 meses também recebiam outro leite (por exemplo, fórmula), enquanto 17% recebiam água. Além disso, 17% eram alimentados com alimentos complementares semi-sólidos ou sólidos, enquanto menos de 1% recebia sumo ou outros líquidos não lácteos.

Em todos os estudos citados, o AME foi definido como a alimentação de um bebé apenas com leite materno - nenhum outro alimento, bebida ou mesmo água, embora os sais de reidratação oral (SRO), gotas e xaropes (vitaminas, minerais e medicamentos) sejam permitidos (Oche *et al.*, 2011). Além disso, o método de recordatório alimentar de 24 horas foi utilizado na determinação da prática de AME. Neste método, é feita uma recordação alimentar de todos os alimentos e bebidas que o cuidador deu ao bebé nas últimas 24 horas. Os cuidadores que relatam não ter dado nada além do leite materno para a criança nas últimas 24 horas são classificados como tendo praticado o aleitamento materno exclusivo.

2.3 Determinantes do EBF

2.3.1 Parto por cesariana

Um tipo de parto que tem demonstrado afetar negativamente o aleitamento materno, especialmente nas horas imediatas do pós-parto, é a cesariana. A cesariana é habitualmente efectuada em mulheres com vários bebés devido aos riscos e complicações associados a este tipo de gravidez. Embora a tecnologia médica e os avanços científicos tenham tornado a cesariana mais segura do que era anteriormente, a dor e o stress associados à amamentação do bebé durante a recuperação da cirurgia dificultam a amamentação (Flidel-Rimon e Shinwell, 2002). Como resultado, os bebés nascidos de parto normal tendem a começar a mamar mais tarde do que os bebés nascidos de parto vaginal (Hyde *et al.*, 2012; Zanardo *et al.*, 2010; Perez-Escamilla *et al.*, 1996). Está provado que a sucção da mama no período pós-parto imediato, especialmente na primeira hora após o parto, contribui para a estimulação e subsequente produção de leite materno (Hyde *et al.*, 2012). Nos casos em que o início da amamentação é atrasado devido à incapacidade da mãe de amamentar após uma cirurgia, as taxas de amamentação geralmente diminuem tanto nos hospitais quanto após a alta hospitalar (Hyde *et al.*, 2012).

Foi também sugerido que a variação das hormonas maternas após a SC contribui para a alteração dos padrões de amamentação. A estimulação do mamilo através da sucção provoca a libertação das hormonas da lactação - prolactina e oxitocina - a partir da glândula pituitária do cérebro. A prolactina desencadeia a produção de leite nos lóbulos da glândula mamária, enquanto a oxitocina faz com que as células mioepiteliais dos seios libertem leite para os ductos (reflexo de descida). À medida que o bebé suga o peito, o leite é transportado para os mamilos e depois para a boca (Byrd-Bredbenner *et al.*, 2009). Assim, quanto mais o bebé mamar, mais leite é produzido e libertado para consumo e vice-versa.

Após a SC, a concentração de oxitocina diminui, resultando numa menor ejeção de leite (Nissen *et al.*, 1996). A dopamina, outra hormona cuja concentração aumenta após a SC, inibe a secreção de prolactina, uma hormona crucial na lactogénese, reduzindo assim a produção de leite (Ben-Jonathan e Hnasko, 2001).

Os resultados de um estudo recente que examinou o efeito do parto por cesariana electiva na taxa de aleitamento materno sugerem uma menor prevalência de aleitamento materno no pós-parto (no 7th dia, 3rd e 6th mês) entre as mães que foram submetidas a parto por cesariana em comparação com as mães que tiveram parto vaginal (Zanardo *et al.*, 2010). Além disso, tanto o parto cesáreo eletivo quanto o de emergência foram negativamente associados às taxas de aleitamento materno exclusivo em comparação com o parto vaginal (Zanardo *et al.*, 2010).

2.3.2 Stress e ansiedade maternos

As mães stressadas e ansiosas têm menos probabilidades de amamentar frequentemente do que as mães relaxadas e menos ansiosas. Estas mães têm uma maior tendência para dar o biberão e, por conseguinte, registam geralmente taxas de AME mais baixas ((Doulougeri *et al.*, 2013). Durante os períodos de stress, há a libertação e ativação da hormona cortisol, que é um conhecido inibidor da prolactina e da oxitocina (Doulougeri *et al.*, 2013). A investigação levada a cabo entre mães guatemaltecas urbanas revelou que o stress durante o trabalho de parto e/ou o parto, caracterizado por níveis elevados de cortisol, pode levar a um atraso no início da lactação (Grajeda e Perez-Escamilla, 2002), o que pode acabar por reduzir a frequência e a duração da amamentação. Também se identificou que o modo de parto, tipicamente uma cesariana de emergência (não programada), exacerba os níveis de stress, especialmente em mães primíparas, em comparação com o parto vaginal (Grajeda e Perez-Escamilla, 2002). Além disso, o stress provocado pelas exigências de cuidar de um bebé doente pode desmotivar a mãe e levar à cessação precoce da amamentação (Doulougeri *et al.*, 2013).

2.3.3 Perceção da baixa quantidade de leite materno

A perceção da incapacidade de produzir quantidades adequadas de leite materno, especialmente no caso de nascimentos múltiplos, é um grande desafio na tentativa de melhorar as taxas de AME. Algumas mães têm dificuldade em acreditar que é possível que os seus bebés sobrevivam apenas com leite materno nos primeiros 6 meses de vida, sem qualquer suplemento de alimentos ou bebidas, incluindo água. O choro persistente dos bebés, mesmo depois de terem sido amamentados, sugere-lhes geralmente que os bebés ainda têm fome (Ukegbu *et al.*, 2011). Esta perceção de insuficiência de leite materno, que pode frustrar a mãe ou o prestador de cuidados e até outros membros da família, é suscetível de contribuir para a cessação precoce da amamentação ou para taxas mais baixas de AME (Fjeld *etal.*, 2008). Um estudo realizado entre mulheres periurbanas no Gana para identificar os incentivos e barreiras percebidos ao aleitamento materno exclusivo revelou que a perceção da insuficiência de leite era um dos principais obstáculos que militavam contra a obtenção de taxas óptimas de AME (Otoo *et al.,* 2009). Num estudo relacionado realizado na vizinha Nigéria, os resultados de discussões de grupos de discussão entre mulheres com bebés entre um e seis meses revelaram que muitos dos participantes relataram uma produção inadequada de leite materno como justificação para a introdução de outros alimentos (Ukegbu *et al.,* 2011). Assim, o estudo sugeriu que a educação pós-natal, tanto nas comunidades como nos hospitais, fosse intensificada para encorajar as mães a continuar o AME.

2.3.4 Local de entrega

O parto em estabelecimentos de saúde públicos (por exemplo, policlínicas e hospitais gerais) tem sido positivamente associado a uma maior iniciação ao aleitamento materno e duração do AME, em comparação com o parto em estabelecimentos privados ou em casa (Aidam *et al.*, 2005). A principal razão para esta observação é o facto de uma série de instalações governamentais terem sido designadas como amigas dos bebés, ao contrário das instalações privadas. As mulheres que dão à luz em estabelecimentos de saúde privados, maternidades ou com parteiras tradicionais também têm maior probabilidade de interromper o AME antes dos 6 meses, ao contrário das mães que dão à luz em hospitais públicos ou policlínicas (Aidam *et al.*, 2005). Esta observação foi atribuída à pouca ou nenhuma educação sobre o AME oferecida pelas unidades de saúde privadas, a maioria das quais também não são designadas como amigas dos bebés, em comparação com a maioria das unidades governamentais que têm a designação de amigas dos bebés e, por conseguinte, tendem a promover o AME (Ukegbu *et al.*, 2011; Aidam *et al.,* 2005).

Os dados publicados indicam que o parto numa unidade de saúde amiga do bebé tem mais probabilidades de aumentar o início e a duração do aleitamento materno do que o parto numa unidade de saúde não amiga do bebé (Ukegbu *et al.*, 2011; Braun *et al.,* 2003). A Iniciativa Hospital Amigo dos Bebés (IHAB) foi lançada pela OMS e pela UNICEF em 1991 para promover e apoiar o aleitamento materno e, eventualmente, garantir uma boa saúde para os bebés. Baseia-se nos 10 Passos para o Sucesso do Aleitamento Materno, um programa que visa orientar todos os hospitais com maternidades, tanto públicos como privados, para práticas que promovam e apoiem o aleitamento materno. Alguns estudos que avaliaram o impacto da designação de IHAC na iniciação e duração do aleitamento materno concluíram que os hospitais com a designação de IHAC registam taxas de aleitamento materno mais elevadas do que aqueles que não têm a designação de IHAC (Perez-Escamilla *et al.,* 2007). Além disso, a avaliação do início e das taxas de aleitamento materno em hospitais que anteriormente não eram amigos dos bebés, antes e depois da designação de IHAB, favorece um maior início e duração do aleitamento materno (Braun *et al.*, 2003).

Estas observações são atribuídas ao facto de as unidades de saúde que têm a designação de "amigas do bebé" tenderem a promover o AME, educando as mães e os profissionais de saúde sobre os benefícios do AME para o bebé, para a mãe e para a sociedade em geral. Além disso, as práticas hospitalares que dificultam o AME, tais como o atraso no início da amamentação, a alimentação pré-láctea e a separação materno-infantil após o parto, são desencorajadas tanto quanto possível (Braun *et al.*, 2003).

A exposição materna a informações sobre o AME no período perinatal e pós-natal imediato em instalações governamentais desempenha um papel importante no incentivo às mães para que continuem o AME, mesmo diante de desafios (Ukegbu *et al.*, 2011).

2.3.5 Fraca capacidade de sucção

Durante a gravidez, a elevada concentração de progesterona, uma hormona da gravidez, no sangue inibe a produção e a libertação de leite materno. No entanto, após o parto, o nível desta hormona diminui, desencadeando assim a lactogénese à medida que os níveis de prolactina e de oxitocina aumentam.

Estas duas hormonas da lactação são estimuladas pelo nascimento do bebé e pela sucção do bebé. A incapacidade do bebé de sugar o peito normalmente devido a maxilares não desenvolvidos, a problemas de saúde ou a técnicas de pega deficientes pode impedir a estimulação adequada do peito, necessária para a produção de leite humano e para o fornecimento contínuo de leite ao bebé. Quando isto acontece, os bebés podem não receber leite suficiente e, por isso, podem chorar incessantemente, o que faz com que as mães fiquem frustradas e, por vezes, desanimadas com a amamentação. Como resultado, algumas mães podem recorrer à alimentação por biberão, o que também tem o potencial de causar um declínio na frequência e duração do aleitamento materno (Bragelien *et al.*, 2007; Yokoyama *et al.*, 2006).

2.3.6 Parto prematuro e baixo peso à nascença

Um bebé nascido antes das 37 semanas de gestação é considerado um bebé pré-termo, enquanto um bebé que pesa menos de 2500 g (2,5 kg) à nascença é considerado um bebé com baixo peso à nascença (Hodnett *et al.*, 2010). Normalmente, estes bebés podem não estar completamente desenvolvidos à nascença e podem sofrer várias complicações neonatais ou perinatais, como enterocolite necrosante e infecções respiratórias (Henderson *et al.*, 2009). Também correm o risco de ter uma função cognitiva inferior à dos bebés de termo e com peso normal à nascença. Por conseguinte, é fundamental que os bebés nascidos com uma ou ambas as condições recebam os melhores cuidados e nutrição para garantir um crescimento ótimo. A qualidade nutricional do leite materno torna-o o melhor alimento para estes bebés (Arslanoglu *et al.*, 2010). Apesar disso, estes bebés podem não ter reflexos de sucção bem desenvolvidos, que são essenciais para a sua nutrição e subsequente crescimento (Yokoyama *et al.*, 2006). Como resultado dos fracos reflexos de sucção destes bebés, eles podem ser separados das suas mães e admitidos na Unidade de Cuidados Intensivos Neonatais (UCIN), onde é provável que sejam alimentados por via parentérica. Esta separação pode interferir com as práticas normais de aleitamento materno. Alguns bebés pré-termo admitidos na UCIN podem ser alimentados diretamente da mama, enquanto outros podem ser alimentados com leite materno utilizando um copo e uma colher. Outros também podem ser alimentados com leite materno através de uma sonda nasogástrica (Akter *et al.*, 2011). Assim, com exceção das mães que alimentam os seus bebés diretamente da mama, outras mães que extraem o leite podem sofrer de congestão mamária devido à incapacidade de esvaziar completamente a mama (Wheeler e Dennis, 2013). Isto pode desencadear mais stress e frustração na mãe, o que pode acabar por inibir a produção e a manutenção do fornecimento de leite.

Foi estabelecido que doenças maternas como a diabetes e a hipertensão resultam frequentemente no nascimento de bebés doentes ou pré-termo. Estas mães podem ainda ter uma produção de leite materno abaixo do ideal, ao contrário das mães de bebés de termo, especialmente se tiverem extraído o leite com uma bomba tira leite durante um longo período (Yokoyama *et al.*, 2006; Flidel-Rimon e Shinwell, 2002). Isto deve-se ao facto de as mães com partos pré-termo não sentirem todos os efeitos das hormonas necessárias para estimular a lactação. O início da produção abundante de leite, conhecido como lactogénese II, que normalmente ocorre entre 2 a 5 dias após o parto, é frequentemente atrasado nas mães que dão à luz prematuramente (Cregan *et al.*, 2002).

2.3.7 Auto-eficácia materna

De acordo com a teoria social cognitiva de Bandura (1977), a auto-eficácia refere-se à convicção que uma pessoa tem na sua capacidade de executar uma determinada tarefa. A aplicação desta teoria é encontrada em programas de mudança de comportamento, como programas de perda de peso ou de fitness (Wheeler e Dennis, 2013). Entre as mães que amamentam, a confiança que a mãe tem de que pode amamentar é um importante fator modificável que tem sido usado para prever o início e a duração da amamentação em alguns estudos (Jackson, 2012; Otsuka *et al.*, 2008 e Sacco, 2006). Assim, as mães que acreditam firmemente que podem amamentar têm maior probabilidade de desafiar todas as probabilidades e amamentar exclusivamente e vice-versa.

No caso das mães de gémeos, este fator é muito importante, uma vez que têm o encargo adicional de cuidar de dois bebés. Assim, o mais pequeno sentimento de incapacidade de amamentar satisfatoriamente dois bebés ou a falta de convicção de continuar o AME até aos 6 meses pode facilmente levar à interrupção prematura da amamentação. Esta situação pode ser prejudicial para a saúde da mãe e dos bebés e, possivelmente, aumentar os custos dos cuidados a prestar a estes bebés, especialmente quando o leite artificial é complementado.

Este facto foi demonstrado em estudos realizados com bebés múltiplos e únicos, que revelaram que as mães de bebés múltiplos estavam menos confiantes na amamentação dos seus bebés do que as mães de bebés únicos (Yokoyama *et al.*, 2006; Flidel-Rimon e Shinwell, 2002).

A ideia de auto-eficácia na amamentação foi desenvolvida por Dennis (1999), utilizando a teoria social cognitiva de Bandura para analisar a confiança da mãe na sua capacidade de amamentar (Dennis e Faux, 1999). Tem a capacidade de prever

1. ' "quer a mãe opte por amamentar ou não" '
2. ' "o esforço que ela irá despender" '
3. "se ela vai ter padrões de pensamento auto-reforçadores ou auto-destrutivos" e
4. "como é que ela reagiria emocionalmente às dificuldades de amamentação" (Dennis, 1999)

Conforme relatado por Wheeler e Dennis (2013), a breastfeeding self-efficacy scaleshort form (BSES-SF) foi utilizada para examinar a auto-eficácia de mães com bebés doentes ou prematuros. Os investigadores concluíram que a BSES-SF pode ser uma ferramenta válida para medir a auto-eficácia do aleitamento materno, mesmo entre mães de bebés doentes ou prematuros.

A sua utilização entre mães com múltiplos poderia ajudar a identificar as mães que necessitam de encorajamento e apoio consistentes na auto-eficácia do aleitamento materno.

2.4 Avaliação da ingestão de leite materno

Os dados sobre o volume de leite humano produzido e consumido pelos bebés continuam a ser limitados, especialmente nos países com poucos recursos. Uma das razões para este fenómeno é a dificuldade em avaliar a ingestão de leite materno (IAEA, 2010). Ao contrário de outros alimentos que podem ser diretamente pesados e o seu consumo medido, a pesagem direta da ingestão de leite humano é um desafio (IAEA, 2010). Ao longo dos anos, o método de pesagem do teste do bebé tem sido utilizado por muitos investigadores na estimativa da ingestão de leite materno (Otoo *et al.*, 2010; Savenije e Brand 2006). É um método fácil de utilizar que envolve a pesagem do bebé antes e depois de cada episódio de amamentação (Aryeetey *et al.*, 2009).

No entanto, verificou-se que este procedimento convencional consome muito tempo, especialmente para a mãe, e é menos exato, uma vez que subestima a ingestão de leite em cerca de 1% - 5% (Savenije e Brand 2006; Brown *et al.*, 1982). Além disso, o método interfere com o padrão de alimentação da mãe e do bebé (Samuel *et al.*, 2012). Nos casos em que as mães alimentam os seus bebés a pedido e mesmo durante a noite, torna-se difícil para o investigador obter resultados exactos sobre o leite fornecido ao bebé (Savenije e Brand 2006).

A utilização de água marcada não radioactiva é um método mais prático e preciso do que o método de pesagem (Adom *et al.*, 2011; Moore *et al.*, 2007). Há mais de duas décadas, Coward e seus colegas (1979) introduziram a técnica de diluição de óxido de deutério para a estimativa da ingestão de leite materno. Este método envolvia a distribuição da dose de óxido de deutério ao bebé. No entanto, apresentava algumas desvantagens, tais como a necessidade de o bebé estar em jejum durante longos períodos antes da recolha de amostras, bem como uma sobrestimação da ingestão de leite materno em comparação com o método de pesagem por teste (Adom *et al.*, 2011; Butte *et al.*, 1988; Coward *et al.*, 1979). Além disso, o método não podia fornecer informações sobre a ingestão de água de outras fontes para além do leite materno, uma vez que assumia que o leite materno era a única fonte de água para o bebé (Adom *et al.*, 2011; Butte *et al.*, 1988; Coward *et al.*, 1979).

Posteriormente, Coward e colegas (1982) melhoraram a primeira técnica e desenvolveram um método melhorado em que a dose de óxido de deutério (água pesada) é administrada à mãe e daí o nome técnica de rotação de óxido de deutério dose-a-mãe (Medoua *et al.*, 2012). Uma pequena dose pré-pesada (30 g) de água pesada é administrada oralmente à mãe depois de terem sido recolhidas amostras de saliva da mãe e do bebé antes da dose. A técnica, além de ser mais precisa, exacta e sensível, também permite ao investigador estimar a ingestão de água pelo bebé a partir de fontes de leite não humano e a composição corporal da mãe.

Uma vez que a dose oral de óxido de deutério se mistura com a água do corpo após algumas horas, podem ser obtidas amostras de água do corpo sob a forma de saliva, urina, plasma ou leite humano e os enriquecimentos de deutério podem ser medidos utilizando a espetrometria de massa de razão isotópica (IRMS) ou a espetrometria de infravermelhos com transformada de Fourier (FTIR) (IAEA, 2010). É de notar que, embora o FTIR seja adequado para análises de amostras de saliva, existem limitações na sua utilização para análises de urina e leite humano, uma vez que não é tão sensível como o IRMS e são necessárias doses mais elevadas de óxido de deutério. No entanto, o FTIR é fácil de utilizar e de manter, e a sua aquisição é menos dispendiosa. O custo da análise também é mais baixo e não requer pessoal especializado para operar (IAEA, 2010). Neste estudo, é utilizada a espetrometria FTIR.

Na técnica de diluição do óxido de deutério, assume-se um modelo de estado estacionário de dois compartimentos na estimativa da ingestão de leite materno e água de outras fontes que não o leite materno (Fig. 2.1).

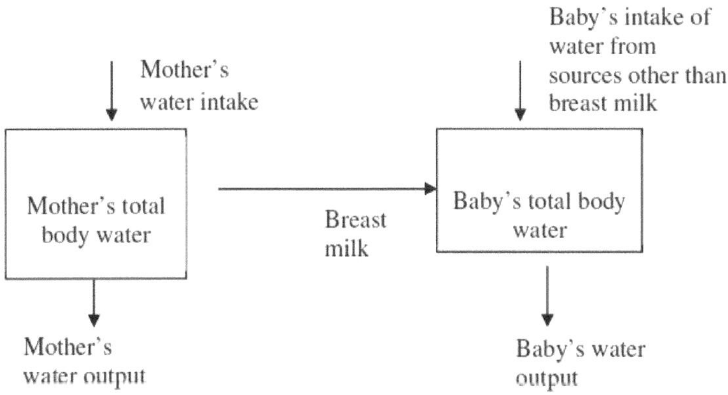

Fig 2.1: Modelo de dois compartimentos em estado estacionário do fluxo de água num par mãe-bebé (IAEA, 2010).

Neste modelo, o corpo da mãe é um compartimento e o do bebé é outro. Ambos os compartimentos estão ligados pelo fluxo de leite da mãe para o bebé. Assume-se que a entrada de água é igual à saída de água.

2.5 Caso especial dos gémeos

2.5.1 Taxa de geminação na África Subsariana, especificamente no Gana

Normalmente, a gravidez humana resulta no nascimento de uma só criança, mas um gémeo ocorre quando uma única gravidez resulta no nascimento de duas crianças, do mesmo sexo ou de sexo diferente. Quando os bebés são do mesmo sexo, são designados por gémeos monozigóticos ou idênticos, porque têm origem na fertilização de um único ovário (Oxford Medical Dictionary, 2007). No entanto, os gémeos dizigóticos ou fraternos resultam da fertilização de dois ovários diferentes (Oxford Medical Dictionary, 2007). Os gémeos fraternos contribuem substancialmente para a incidência global de gémeos, uma vez que a ocorrência de gémeos idênticos se mantém constante em 3,5-4 por 1000 nados-vivos (Smits e Monden, 2011; Akinboro *et al.,* 2008). Está documentado que, em cada 90 gravidezes, há uma gravidez de gémeos, enquanto uma gravidez de trigémeos ocorre em cada 8.100 gravidezes e uma em cada 729.000 concepções resulta num quadrigémeo (Llewellyn-Jones, 1998). Do mesmo modo, Smits e Monden (2011), no seu estudo sobre "Twinning across the Developing World" (Geminação no mundo em desenvolvimento), referiram que, por cada 76 partos, um era gemelar.

A atual incidência de gémeos de 6-9 por 1000 nados vivos no Sudeste Asiático é considerada baixa. Este valor não difere das taxas registadas na América Latina (Smits e Monden, 2011). Em África, a situação é inversa, com uma taxa média de nascimentos gemelares de 11-18 por cada 1000 partos. Países como Marrocos e Tunísia, localizados no norte de África, registam taxas de cerca de 12 por 1000, enquanto o Egito tem uma taxa elevada de 17,7 (Smits e Monden, 2011). A Namíbia, o Lesoto, Madagáscar e a África do Sul, todos localizados na África Austral, têm taxas mais baixas de 11-15 nascimentos gemelares por cada 1000 partos. As nações da zona ocidental de África e ao longo do Oceano Atlântico, desde o Gana, Nigéria e Guiné até à República Democrática do Congo, passando pela Tanzânia, Moçambique e Comores, têm taxas superiores a 18 por 1000 nascimentos. Smits e Monden (2011) indicaram que o Benim, que faz fronteira com a Nigéria a oeste, tem taxas de natalidade de gémeos mais elevadas do que a Nigéria. No entanto, antes do presente relatório, vários estudos identificaram a Nigéria como o país com a taxa de gémeos mais elevada a nível mundial, com uma taxa superior a 45 por 1000 nascimentos (lyiola *et al.,* 2013; Akinboro *et al.,* 2008; Mosuro *et al.,* 2001). Por conseguinte, comparando a taxa do Benim (27,9) com a da Nigéria, que é superior a 45 por 1000 nados-vivos, parece que a Nigéria ainda está na vanguarda no que respeita às taxas de gemelaridade.

No Gana, os dados disponíveis indicam que, embora a taxa de nascimentos de gémeos não seja tão elevada como a da Nigéria, continua a ser considerada uma das mais elevadas. Mosuro *et al.* (2001) concluíram que a incidência de nascimentos gemelares em Accra, a capital do Gana, entre 1988 e 1999, foi de 33,4 nascimentos gemelares por 1000 partos, enquanto a taxa em Kumasi, a segunda maior cidade do Gana, durante um período de 15 anos (1985-1999) foi de 26,6 nascimentos gemelares por 1000 partos. Além disso, em 1999, em Kumasi, houve um nascimento gemelar por cada 33 nascimentos únicos, enquanto que no mesmo ano, por cada 21 nascimentos únicos, houve um parto gemelar em Accra (Mosuro *et al.,* 2001).

2.5.2 Factores que influenciam o nascimento de gémeos

Muitos investigadores consideram que os nascimentos de gémeos podem ser influenciados tanto por factores biológicos como ambientais. Alguns factores biológicos que têm sido citados são a idade materna, a paridade e a hereditariedade (genética) (Akinboro *et al.,* 2008; Mosuro *et al.*, 2001).

O aumento da idade materna tem sido associado a uma maior incidência de gémeos. Alguns estudos defendem que, à medida que a idade materna aumenta, normalmente até aos 40 anos, a tendência para o parto de gémeos também aumenta devido a uma maior probabilidade de hiperovulação (Bulmer, 1970). No entanto, foram feitas observações contrárias noutras populações.

No sudoeste da Nigéria, onde a taxa de gemelaridade foi estimada em cerca de 50 por 1000 partos, a faixa etária materna dos 25-29 anos foi a que registou o maior número de nascimentos gemelares, seguida da faixa etária dos 30-34 anos (Iyiola *et al.,* 2013; Akinboro *et al.,* 2008; Mosuro *et al.,* 1996). Isto está de acordo com outro estudo realizado no centro-norte da Nigéria, onde as taxas mais elevadas de gémeos foram registadas por mães na faixa etária dos 25-29 anos, seguidas da faixa etária dos 30-34 anos (Iyiola *et al.*, 2013). Isto foi atribuído ao facto de as pessoas nestas faixas etárias estarem em idade reprodutiva e serem sexualmente activas, ao contrário das mães abaixo desta faixa etária que podem ser solteiras e, portanto, não sexualmente activas (Iyiola *et al.*, 2013). Além disso, nos estudos acima referidos, a taxa mais baixa de nascimentos gemelares foi registada nas mães com idades compreendidas entre os 15 e os 20 anos e entre os 45 e os 49 anos.

Também se observou que a história materna de gemelaridade influencia os nascimentos de gémeos. As mulheres que têm familiares gémeos ou que são elas próprias gémeas têm uma maior tendência para dar à luz gémeos (Akinboro *et al.*, 2008). Além disso, as mulheres cujas mães ou irmãs têm gémeos têm um risco duas vezes maior de dar à luz gémeos do que as mulheres cujas mães ou irmãs não têm gémeos. Além disso, as mulheres que tiveram um primeiro grupo de gémeos têm um risco quadruplicado de ter gémeos em comparação com as mulheres que não tiveram um primeiro grupo de gémeos (Akinboro *et al.*, 2008). As mães multíparas, ao contrário das mães primíparas, têm sido positivamente associadas ao nascimento de gémeos (Iyiola *et al.*, 2013).

Outro fator determinante que tem sido apontado como contribuindo para a incidência de nascimentos gemelares é a dieta. Alguns estudos realizados entre a tribo Yoruba, no sudoeste da Nigéria, indicaram que o aumento do consumo de uma determinada espécie de inhame *(Dioscorea rotundata)* poderia explicar o elevado número de nascimentos gemelares observado nessa população. Foi relatado que as pessoas dessa parte da Nigéria consomem diferentes alimentos preparados a partir do inhame *Dioscorea sp.* (Akinboro *et al.*, 2008). Sabe-se que esta espécie de inhame contém um fitoestrogénio que serve como indutor da ovulação e desencadeia ovulações múltiplas ((Iyiola *et al.*, 2013; Akinboro *et al.*, 2008), resultando assim nos elevados nascimentos de gémeos.

O aumento da utilização de tecnologias de reprodução assistida (TRA), como a fertilização in vitro (FIV) e a inseminação intra-uterina (IIU) para curar a infertilidade, também levou a um aumento das taxas de nascimento de gémeos. Cerca de 25-30% dos gémeos nascidos no mundo desenvolvido resultam da utilização de ART (Ibrahim *et al.*, 2012).

A classe social é outro fator que tem sido apontado como contribuindo para as elevadas taxas de natalidade gemelar. Akinboro e a sua equipa de investigadores (2008), comentando o estudo de Nylander (1981) sobre os factores que influenciam os nascimentos de gémeos, afirmaram que os nascimentos de gémeos entre as pessoas da classe social mais baixa eram mais do dobro das taxas entre as classes sociais média e alta. Além disso, o primeiro observou que as pessoas que viviam nas áreas rurais estudadas tendiam a ser semelhantes "socialmente", "culturalmente" e "etnicamente" e estavam envolvidas em relações poligâmicas, tinham famílias numerosas e dificilmente utilizavam métodos de planeamento familiar. Um exemplo típico deste tipo de contexto é Igbo- Ora, no estado de Oyo, na Nigéria (Akinboro *et al.*, 2008).

Outros factores determinantes da elevada incidência de nascimentos gemelares incluem a raça, o aumento da altura materna, o índice de massa corporal, as variações sazonais, a conceção precoce, particularmente nos três meses após o casamento, e o aumento da utilização de medicamentos indutores da ovulação (Ibrahim *et al.*, 2012; Akinboro *et al.*, 2008).

2.5.3 Problemas de saúde e de nutrição associados aos gémeos

A nível mundial, os nascimentos múltiplos, em comparação com os nascimentos únicos, estão associados a várias situações de morbilidade e mortalidade materna e neonatal (Olusanya, 2011). Alguns factores de risco materno notáveis associados a gravidezes múltiplas são a hipertensão, a hiperémese gravídica, a má apresentação fetal, a hemorragia anteparto e pós-parto e a sépsis genital (Ibrahim *et al.*, 2012). Além disso, as mulheres com gestações múltiplas têm um risco acrescido de dar à luz por cesariana e, mesmo quando dão à luz por via vaginal, é mais complicado do que dar à luz um único bebé (Ibrahim *et al.*, 2012; Boseley, 2009). Nos países desenvolvidos, como os Estados Unidos da América e o Reino Unido, os dados disponíveis indicam que 60% dos gémeos e outros múltiplos nascem por cesariana (Ibrahim *et al.*, 2012). Nos países em desenvolvimento, em especial, este facto contribui para que a mãe fique exposta a outros problemas de saúde, como a anemia e a septicemia (Ibrahim *et al.*, 2012). Assim, a melhoria da nutrição materna entre estas mães de alto risco pode contribuir muito para reduzir a morbilidade e a mortalidade maternas.

Muitos bebés gémeos nascem pré-termo ou com baixo peso à nascença (Olusanya, 2011). Além disso, os bebés cujo peso para a idade gestacional é inferior ao percentil 10th são referidos como pequenos para a idade gestacional (PIG). Normalmente, os bebés que nascem pré-termo também acabam por ser LBW ou SGA, obviamente porque o crescimento e o desenvolvimento do corpo são incompletos. Em muitos países de rendimento médio-baixo, a PIG é geralmente uma consequência de uma nutrição materna inadequada (Hodnett, 2010). Com uma prevalência mundial de 15,5%, o BPN é responsável por muitos resultados perinatais adversos, como problemas de neurodesenvolvimento (por exemplo, paralisia cerebral), morbidades infecciosas e mortalidade neonatal (Ibrahim *et al.*, 2012). Mais uma vez, cerca de 60 a 80% das mortes neonatais são atribuíveis ao BPN, ao passo que o nascimento pré-termo é responsável por mais de 100 000 mortes neonatais anuais a nível mundial (Ibrahim *et al.*, 2012).

Alguns estudos que examinaram os resultados perinatais entre os bebés gémeos confirmaram que, juntamente com o parto prematuro, o BPN e a restrição do crescimento intrauterino, os múltiplos têm um risco acrescido de paralisia cerebral, hiperbilirrubinemia, sépsis, admissão na UCIN, anomalias congénitas e até morte (Ibrahim *et al.,* 2012; Vassilaki *et al.,* 2012; Olusanya, 2011; Glinianaia *et al.,* 2002).

Por isso, é necessário que esses bebés de alto risco recebam alimentos de alta qualidade, nutricionalmente e imunologicamente adequados, como o leite materno, para impulsionar o seu crescimento e desenvolvimento. Apesar desta necessidade, muitos bebés pré-termo não têm a capacidade de mamar bem devido à fraqueza dos maxilares (Yokoyama *et al.,* 2006), o que leva a um comprometimento nutricional. Além disso, a coordenação dos reflexos de sucção, respiração e deglutição pode não estar desenvolvida, diminuindo ainda mais a probabilidade de mamar diretamente do peito, particularmente no período pós-parto precoce (Yokoyama *et al.*, 2006). A fim de prestar os cuidados especializados de que necessitam, estes bebés são muitas vezes separados das suas mães e alojados numa UCIN, onde são mantidos à temperatura correta e frequentemente alimentados por via parentérica (Kielbratowska *et al.,* 2010). Como resultado, o interesse da mãe em amamentar o seu bebé pode diminuir e, eventualmente, levar a uma diminuição da quantidade de leite materno produzido e, consequentemente, a uma redução da duração do aleitamento materno. Além disso, a alimentação do bebé com outros líquidos que não o leite materno durante a permanência na UCIN reduz a probabilidade de estimulação da mama, dificultando assim a lactogénese (Flidel-Rimon e Shinwell, 2002).

Fornecer educação nutricional às futuras mães e às suas famílias, bem como competências relevantes para as tornar empregáveis, poderia contribuir para reduzir acentuadamente o BPN e os partos prematuros, uma vez que se observou que uma maior proporção de bebés com BPN e prematuros nasce em pessoas de grupos socioeconómicos mais baixos (Hodnett *et al.,* 2010). Assim, combater a pobreza nessas famílias poderia melhorar o estado nutricional das futuras mães. Além disso, incentivar as mães com bebés prematuros ou com BPN que não conseguem mamar normalmente a extrair o leite materno, quer manualmente quer com uma bomba, melhoraria a estimulação dos seios, o que poderia subsequentemente manter ou mesmo melhorar a lactação (Kielbratowska *et al.,* 2010).

2.5.4 Práticas de aleitamento materno entre mães de gémeos

Cuidar de dois bebés ao mesmo tempo não é, de facto, uma tarefa fácil e, para a maioria das mães de múltiplos, a amamentação exclusiva dos seus bebés até à introdução de alimentos complementares, embora prazerosa e gratificante, pode ser muito exigente.

O mecanismo de procura e oferta do corpo permite que mesmo os quadrigémeos sejam amamentados com leite suficiente. Isto explica porque é que as mães com filhos únicos podem doar leite materno extra aos bancos de leite (Kielbratowska *et al.,* 2010). Uma investigação levada a cabo por Saint e colegas (1986) num grupo de oito mulheres da Austrália Ocidental que amamentavam gémeos e uma mulher que amamentava trigémeos concluiu que, seis meses após o parto, a produção de leite de três mães que amamentaram totalmente e de outras quatro que amamentaram parcialmente os seus gémeos variava entre 840-2160 g/dia e 4201390 g/dia, respetivamente. Os resultados do mesmo estudo indicam que a mãe que amamentou totalmente os seus trigémeos de 2,5 meses até aos quatro meses produziu cerca de 3000 g de leite materno por dia. Concluíram, portanto, que as mães de gémeos são capazes de produzir leite materno adequado para alimentar os seus filhos.

Outras evidências científicas que parecem apoiar a afirmação de Saint *et al.* (1986) indicam que as mães de gémeos podem produzir entre 1000-2000g de leite por dia seis meses após o parto (Medoua *et al.*, 2012), enquanto as mães de trigémeos podem produzir mais do triplo da quantidade produzida pelas mães de filhos únicos, ou seja, mais de 3000g (Kielbratowska *et al.*, 2010).

Apesar das conclusões de alguns cientistas de que as mães com múltiplos podem produzir leite materno adequado para nutrir os seus bebés, uma investigação realizada para estimar as taxas de aleitamento materno entre os filhos únicos, gémeos e trigémeos no Japão (Yokoyama *et al.*, 2006) revelou que as taxas de AME eram mais baixas entre os gémeos e trigémeos (4,1%) do que entre os filhos únicos (44,7%) com idades compreendidas entre os 3 e os 6 meses. Mais uma vez, as probabilidades de escolher a alimentação por biberão apenas com leite artificial foram mais elevadas entre as mães com múltiplos (2,44) do que entre as mães com filhos únicos (1,00) (Yokoyama *et al.*, 2006). No mesmo estudo, a perceção de stress materno, o uso de incubadora e a saúde materna precária também foram positivamente associados a uma maior probabilidade de escolher a alimentação por biberão apenas com fórmula. Estes resultados são consistentes com outros estudos que indicaram que, devido à carga adicional envolvida no cuidado de gémeos e outros múltiplos, essas mães não são normalmente capazes de amamentar exclusivamente os seus bebés até aos seis meses, embora estejam conscientes dos benefícios desta prática (Flidel-Rimon e Shinwell, 2002; Leonard *et al.*, 2000).

É à luz das práticas de aleitamento materno mencionadas anteriormente entre gémeos noutros contextos que este estudo foi realizado para determinar os possíveis factores que influenciam as práticas de aleitamento materno exclusivo no Gana.

CAPÍTULO 3

3.0 METODOLOGIA

3.1 Conceção do estudo e locais de estudo

O estudo foi um inquérito transversal a mães de bebés gémeos e de bebés únicos com idades compreendidas entre os 2 e os 6 meses. Foi realizado de novembro de 2012 a março de 2013. Os participantes foram selecionados nas clínicas de bem-estar infantil de três unidades de saúde na região da Grande Acra, no Gana, nomeadamente: Tema General Hospital (TGH), Ashaiman Polyclinic (APC) e New Crystal Hospital. Foi pedida autorização aos três estabelecimentos, que a concederam antes do recrutamento dos participantes.

O Tema General Hospital está localizado na cidade portuária de Tema, que é também uma cidade metropolitana e serve como o principal hospital de referência para os doentes da metrópole e arredores. Como tal, a instalação regista uma elevada frequência anual de casos no departamento de consultas externas (OPD) (totalizando mais de 150 000) e partos de gémeos e de filhos únicos anualmente. Em 2012, o total de partos registados no hospital foi de 5 826 (incluindo nados-mortos e partos macerados), dos quais 3 953 foram gémeos e 194 gémeos. Um conjunto de trigémeos também foi entregue no mesmo ano.

A Ashaiman Polyclinic e o New Crystal Hospital estão ambos localizados em Ashaiman, uma cidade perto de Tema e um distrito municipal que partilha a fronteira sul com Tema. Enquanto o primeiro é um estabelecimento de saúde público, o segundo é um hospital privado situado a cerca de três minutos de carro do primeiro. A Policlínica de Ashaiman registou uma afluência anual de mais de 45.000 pacientes, com um total de 2.952 partos em 2012, dos quais 30 eram gémeos. O New Crystal Hospital, que é considerado um dos maiores estabelecimentos privados da região da Grande Acra, registava cerca de 15 000 casos ambulatórios por mês (Ocloo, 2013). Em 2012, houve um total de 1.281 partos neste hospital, dos quais 10 eram gémeos.

O número de nascimentos de gémeos em cada 1000 partos nas três instalações foi calculado como (partos gemelares/total de partos) x 1000.

O número de nascimentos únicos *(x)* para cada parto gemelar *(y)* também foi calculado como x/y. (Akinboro *et al.,* 2008).

3.2 Amostragem e determinação da dimensão da amostra

Utilizando a fórmula de Daniel, 1999 e uma taxa de gemelaridade de 33,4 por 1000 nados-vivos, que é a taxa de gemelaridade para Accra (Mosuro *et al.,* 2001), a dimensão da amostra foi calculada da seguinte forma

$$N = \frac{[Z^2 \times P(1 - P)]}{d^2}$$

Onde N = Tamanho da amostra por grupo,

Z = valor crítico de probabilidade para um intervalo de confiança de 95% (1,96),

P = taxa de prevalência/geminação (3,34%), e

d = margem de erro, (0,05).

Assim, N é aproximadamente 45.

Por conseguinte, foi recrutada uma amostra de 50 pares mãe-bebé em dois grupos - 50 mães com bebés gémeos num grupo e outras 50 mães com bebés únicos no grupo sem gémeos (singleton).

Cerca de dois terços das mães de gémeos não foram diretamente recrutadas nas clínicas de bem-estar infantil (CWCs) dos hospitais do estudo porque, embora tivessem dado à luz nas unidades de saúde que participaram neste estudo, estavam a frequentar outras CWCs que lhes eram mais próximas. Os nomes e os números das pastas dessas mães, cujos bebés se encontravam dentro da faixa etária do estudo, foram obtidos nos livros de partos das enfermarias de parto das respectivas unidades. No entanto, à exceção do New Crystal Hospital, que também registou os números de telefone de contacto, os nomes das mães obtidos dos livros de partos do Tema General Hospital e da Ashaiman Polyclinic não continham essas informações vitais. Por conseguinte, foi feito um acompanhamento junto do departamento de registos do Tema General Hospital para localizar as pastas das mães utilizando os seus nomes e números de pasta que estavam disponíveis nos livros de partos. As mães (em alguns casos, familiares próximos das mães) cujos números de telefone foram obtidos a partir das pastas foram contactadas e as que estavam interessadas em participar foram recrutadas. Posteriormente, foram seguidas em casa e entrevistadas. Algumas mães foram também recrutadas e mais tarde entrevistadas na enfermaria de repouso do TGH. Um acompanhamento semelhante junto do serviço de registos da APC revelou-se infrutífero, uma vez que não foi possível obter os nomes e os contactos das mães.

3.3 Critérios de inclusão dos participantes no estudo

Critérios de inclusão

Foram recrutadas mães biológicas com idades compreendidas entre os 18 e os 49 anos, com um único filho ou um conjunto de gémeos [idênticos (monozigóticos) ou fraternos (dizigóticos)] que mostraram interesse em participar. Só foram incluídas as mães com bebés entre os 2 e os 6 meses de idade.

Critérios de exclusão

Foram excluídas do estudo as mães que não estavam a amamentar por opção pessoal ou por uma condição médica que interferisse com a amamentação, como a mastite. Mais uma vez, foram excluídos os bebés com qualquer condição que dificultasse a amamentação (por exemplo, fenda palatina).

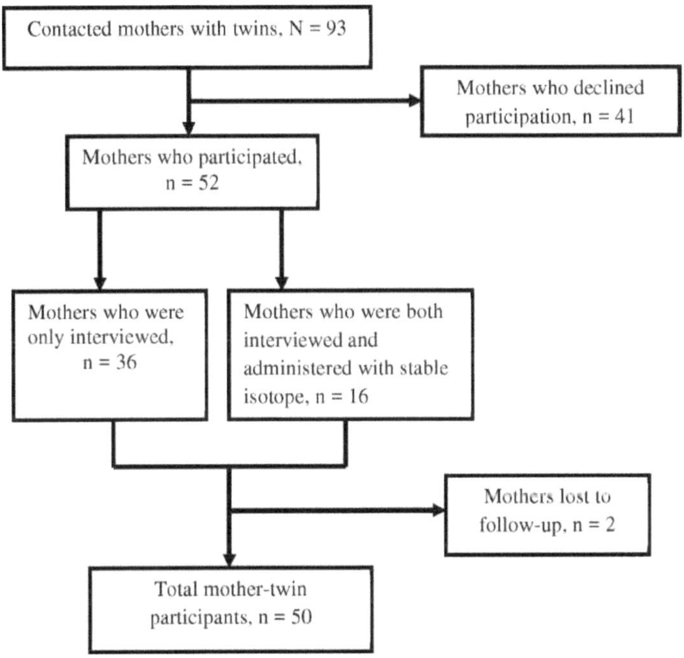

Figura 3.1: Estatísticas de inscrição para o recrutamento de participantes mãe-gémeos.

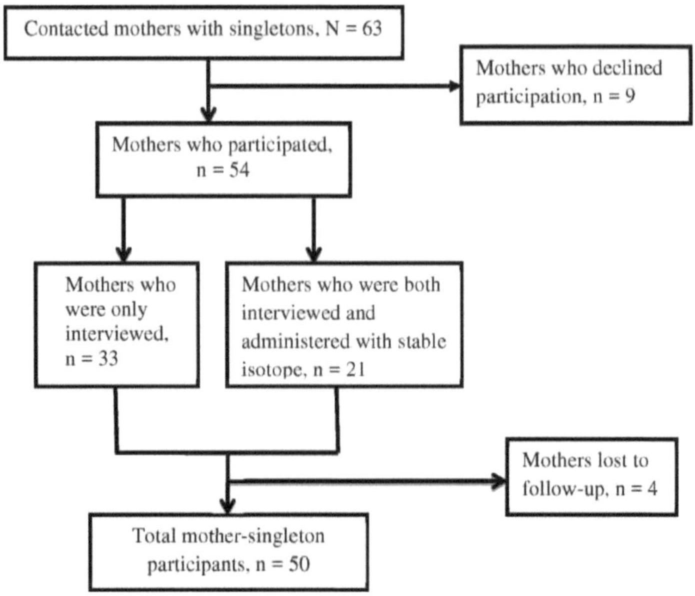

Fig 3.2: Estatísticas de inscrição para o recrutamento de participantes mãe-singletona.

3.4 Considerações éticas

Foi pedida autorização ética e esta foi aprovada pelo Conselho de Revisão Institucional do Noguchi Memorial Institute of Medical Research, Universidade do Gana, Legon. As mães e os seus bebés só foram recrutados para o estudo depois de terem dado o seu consentimento por escrito, assinando ou imprimindo com o polegar o seu nome num formulário de consentimento informado.

3.5 Recolha de dados

A recolha de dados foi efectuada em duas partes - a parte A consistiu na entrevista por questionário, enquanto a parte B envolveu a estimativa da ingestão de leite materno utilizando óxido de deutério (água pesada). Algumas das mães consentiram em participar apenas na entrevista e não na parte do estudo relativa à estimativa do leite materno, enquanto outras consentiram em participar em ambas as partes.

Antes das entrevistas, o investigador, com a ajuda da enfermeira responsável, fez um anúncio nos CWCs, no dia do recrutamento, sobre o projeto em curso e convidou as mães com bebés que preenchiam os critérios de inclusão a participar. As mães que mostraram interesse em participar e que cumpriam os critérios de inclusão foram informadas sobre os pormenores do estudo e tiveram oportunidade de fazer perguntas. Foi pedido às que estavam dispostas a participar que dessem o seu consentimento, escrevendo os seus nomes e assinando ou imprimindo com o polegar o formulário de consentimento.

3.5.1 Instrumentos de inquérito

3.5.1.1 Questionário de estudo

Com o auxílio de um questionário semi-estruturado pré-testado (Anexo II), foram obtidos dados sobre as caraterísticas sócio-demográficas maternas (por exemplo, idade, estado civil, profissão, rendimento e nível de escolaridade mais elevado), biomédicas (por exemplo, paridade, local do parto, tipo de parto, hora do início da amamentação e ingestão alimentar do bebé) e bioculturais (por exemplo, cooperação familiar para a alimentação atual do bebé, conselhos sobre amamentação). Além disso, foram recolhidos dados sobre as caraterísticas dos antecedentes dos bebés (por exemplo, idade em meses completos, idade gestacional, internamento na UCIN e peso à nascença), bem como sobre a morbilidade nas 24 horas e na quinzena anteriores à entrevista. Também foi recolhida informação sobre a ingestão alimentar dos bebés nas últimas 24 horas e no mês anterior à entrevista. Perguntou-se às mães se tinham dado algum dos doze alimentos ou líquidos listados (por exemplo, leite materno, água, leite em pó e papas) aos seus bebés nas últimas 24 horas ou no último mês. Seguindo a recomendação da OMS (2008), os bebés que tinham tomado apenas leite materno, exceto SRO, gotas ou xaropes (vitaminas, minerais ou medicamentos) nas últimas 24 horas, foram agrupados na categoria de amamentação exclusiva. Os que tomaram leite materno mais líquidos como água, bebidas à base de água e sumos de fruta foram colocados na categoria de aleitamento materno predominante. Por último, os bebés que, para além do leite materno, tinham consumido outros alimentos ou líquidos, incluindo fórmulas, foram colocados no grupo de aleitamento parcial.

3.5.2 Antropometria

As mães foram pesadas com o mínimo de roupa possível, numa balança eletrónica (Seca Gmbh & Co Kg, Alemanha), com uma aproximação de 0,1 kg. As mães que usavam jóias, cintos ou tecidos pesados foram educadamente convidadas a retirá-los antes da pesagem. Os bebés foram pesados nus numa balança pediátrica portátil, com uma precisão de 0,01 kg (Seca, Vogel e Halke, Hamburgo, Alemanha). Os pesos da mãe e do bebé foram medidos na linha de base (dia 0) e no dia 14. A altura materna foi medida com uma aproximação de 0,1 cm, utilizando um estadiómetro (Seca Gmbh & Co Kg, Alemanha), enquanto que um infantómetro de madeira normalizado foi utilizado para medir o comprimento do bebé em decúbito dorsal (Seca Modelo 207 CE 0123).

Todas as medições foram efectuadas segundo procedimentos normalizados (IAEA, 2010) e em duplicado.

3.5.3 Estimativa do volume de leite materno utilizando a técnica dos isótopos estáveis

A fim de estimar o volume de leite materno ingerido pelos bebés, foi utilizada a técnica de diluição de isótopos estáveis de óxido de deutério (^2H_2O) em ambos os grupos (Adom *et al.*,

2011; Coward *et al.*, 1982).

Uma subamostra de 30 pares mãe-bebé foi categorizada em dois grupos - o grupo dos solteiros e o grupo dos gémeos. Seguem-se os passos seguidos na estimativa da ingestão de leite materno utilizando o método de diluição de isótopos estáveis ^2H_2O.

3.5.3.1 Administração da dose de óxido de deutério

As amostras de saliva antes da dose foram recolhidas das mães depois de lhes terem sido servidas bolas de algodão (Synergy Health, Inglaterra) para mastigarem, de modo a estimular a salivação. Antes disso, foi assegurado que as mães não tinham comido ou bebido nada nos 20 minutos anteriores. A mastigação da bola de algodão foi efectuada durante cerca de 5 a 7 minutos. Pediu-se às mães que pensassem na sua comida preferida para aumentar a salivação (IAEA, 2010). O algodão foi então colocado no tubo de uma seringa de plástico de 20 ml (Euro-Ject V CE0123, Alemanha) e pressionado para obter cerca de 2-5 ml de amostra de saliva.

Utilizou-se uma abordagem semelhante para obter amostras de saliva dos bebés, exceto que, uma vez que não podiam mastigar o algodão, as zaragatoas de plástico com um algodão consideravelmente grosso firmemente enrolado numa das extremidades foram movidas sistematicamente através das suas bocas num movimento no sentido dos ponteiros do relógio até ficarem encharcadas de saliva (Fig. 3.3). Mais uma vez, foi assegurado que os bebés não tinham sido amamentados nem tinham recebido qualquer alimento ou bebida pelo menos 15 minutos antes da amostragem, de modo a evitar a recolha de leite materno ou de outros alimentos ou líquidos. O algodão encharcado foi retirado do bastão de plástico com a ajuda de uma pinça. Este foi colocado no tubo de uma seringa de 5 ml, que foi pressionada com o êmbolo para obter o volume desejado de amostra de saliva (Fig. 3.3). Nos casos em que se obtiveram volumes insuficientes de saliva (< 2 ml), o processo foi repetido até se obter o volume necessário.

Fig 3.3: **Esquerda**: amostragem da saliva de um bebé com uma zaragatoa; **direita**: Pressionar o algodão encharcado com uma seringa para obter saliva.

Após a amostragem da saliva antes da dose, as mães foram servidas com 30 g de água marcada com deutério (99,8% de pureza; Cambridge Isotope Laboratories Inc., Andover, MA., EUA) para beber através de uma palhinha, a fim de evitar derrames. A dose de 30 g (±0,02 g) de deutério foi pesada em frascos de dose no laboratório, utilizando uma balança analítica. O frasco de dose foi lavado com um pouco de água potável (cerca de 60 ml) duas vezes e dado à mãe para beber, a fim de garantir que a dose completa tinha sido tomada. A hora de ingestão da dose, bem como o peso da água pesada (deutério) bebida pelo participante, foram registados na folha de dados da dose (anexos III e IV). O peso do deutério foi pré-indicado no frasco da dose.

Foram recolhidas amostras de saliva de 2-5 ml das mães e dos bebés nos dias 1, 2, 3, 4, 13 e 14 após as mães terem bebido a dose de óxido de deutério. Luvas, seringas e cotonetes foram descartados entre os participantes. As amostras de saliva foram armazenadas em frascos criogénicos de plástico estéril com um volume de 4,5 ml (Nunc Cryo Tube Vials, Dinamarca), etiquetados com a identificação do participante e mantidos em sacos de gelo com fecho de correr etiquetados numa arca frigorífica até serem transferidos para um congelador para armazenamento a -20 °C até à análise.

Antes da análise, as amostras de saliva foram deixadas a descongelar à temperatura ambiente e centrifugadas durante 5 minutos a 4,4 rpm (Eppendorf Centrifuge 5702, Hamburgo, Alemanha).

3.5.3.2 Análise de amostras de saliva

O enriquecimento em deutério das amostras de saliva foi medido com o espetrofotómetro de infravermelhos com transformada de Fourier (FTIR) (FTIR-Schimadzu, IRPrestige-21, Schimadzu Corporation, Japão). O equipamento foi calibrado com uma solução padrão de deutério, pelo menos duas vezes por dia, para garantir a exatidão das leituras. Uma célula de cloreto de cálcio com um comprimento de trajeto de 100 pm (Fig. 3.4) foi cuidadosamente enchida com a amostra de saliva utilizando uma seringa de 1 ml e colocada no trajeto do feixe de luz no interior do FTIR (Fig. 3.5). Ao longo da análise, a amostra de saliva anterior à dose de cada participante foi analisada antes de analisar as amostras posteriores à dose, uma vez que as primeiras serviram de fundo contra o qual as segundas foram medidas. As medições foram efectuadas em triplicado, tendo sido selecionados os dois valores mais próximos. Os espectros de infravermelhos foram medidos na gama de absorvância de 2300-2900 cm $.^{-1}$

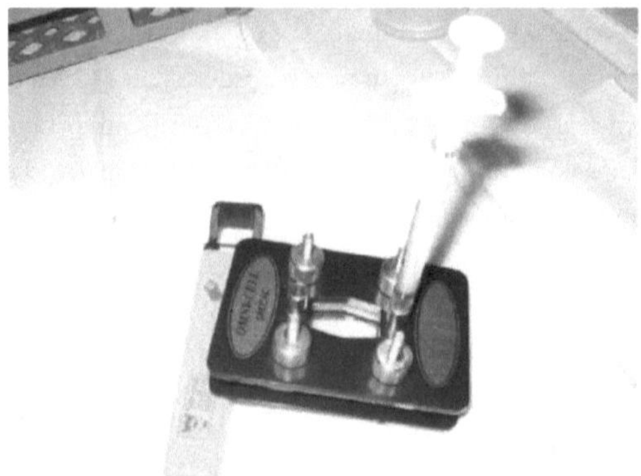

Fig 3.4: Célula FTIR com uma seringa de 1 ml no orifício de enchimento (IAEA, 2010).

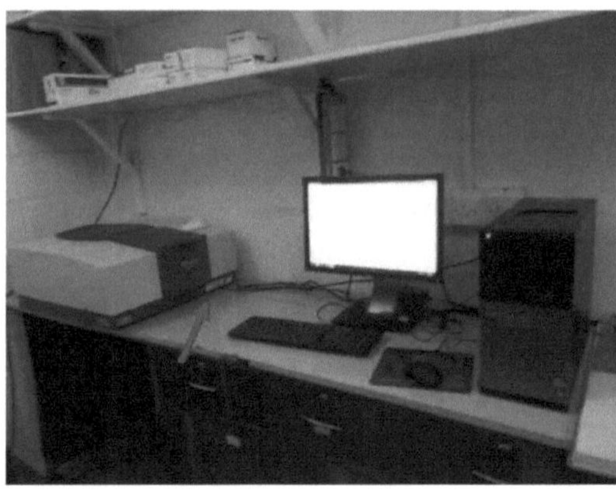

Fig. 3.5: Espectrofotómetro FTIR típico (com uma seta) ligado a uma secretária.

A quantidade de leite materno e de água de fontes não-lácteas ingerida pelos bebés foi estimada através da introdução dos valores ou concentrações de enriquecimento em deutério (em ppm) obtidos a partir do espetrofotómetro FTIR num modelo de renovação da água nas mães e nos bebés (IAEA, 2010). Foi utilizado um algoritmo (folha de cálculo Microsoft Excel®2007) desenvolvido pelo Medical Research Council [(MRC); Human Nutrition Research, Cambridge, Reino Unido] baseado no trabalho de Coward e colegas (1982) para estimar a ingestão de leite materno e de água de fontes não-lácteas. Utilizando a função *Solver* na folha de cálculo do Excel, foi utilizada a regressão não linear para gerar a linha de melhor ajuste para os dados introduzidos. Consequentemente, foi calculada a média da ingestão oral de leite humano e de água de fontes não-lácteas em ml/dia.

Com referência aos resultados relatados por Medoua *et al.*, (2012) e Haisma *et al.*, (2003), os bebés com ingestão de água sem leite materno < 52 ml/dia foram categorizados no grupo de AME. Aqueles com ingestão de leite não materno entre 52-216 ml/dia foram colocados no grupo de aleitamento materno predominante e os bebés com ingestão > 216 ml/dia foram classificados como parcialmente amamentados. Os resultados do consumo de leite materno foram expressos em média ± DP, o que dá uma indicação da quantidade de leite produzida pelas mães.

3.6 Controlo de qualidade

Os questionários administrados foram pré-testados utilizando indivíduos com caraterísticas semelhantes às dos participantes efectivos recrutados para o estudo. Isto assegurou que as perguntas estavam bem formuladas e eram bem compreendidas. O questionário foi então atualizado e testado novamente para utilização posterior. Todo o equipamento (por exemplo, o espetrofotómetro FTIR, a balança para adultos, o estadiómetro, a balança pediátrica e o infantómetro) foi calibrado de cada vez que foi utilizado. O assistente de campo recebeu formação adequada e foi monitorizado para garantir a correta execução dos vários procedimentos.

3.7 Análise de dados

A introdução de dados e as análises foram efectuadas utilizando o software SPSS versão 16.0 (SPSS Inc., Chicago, IL, EUA). Foram utilizadas estatísticas descritivas (frequências e proporções) para resumir as caraterísticas demográficas dos participantes.

As análises bivariadas foram efectuadas utilizando a estatística do qui-quadrado para determinar associações entre variáveis categóricas com significância estatística fixada em $p < 0{,}05$.

Foram utilizados modelos de regressão logística binária multivariada para determinar os factores de previsão do AME aos seis meses. A variável dependente para as análises foi o estado de AME aos seis meses, enquanto as variáveis independentes foram o tipo de parto, a perceção da capacidade de sucção do bebé à nascença, a perceção da capacidade de produção de leite materno, o tipo de bebé, a intenção de AME pré-natal, a paridade, a educação materna, a posse de TV, o início do aleitamento materno, a intenção de engravidar, o aconselhamento pré-natal sobre aleitamento materno recebido do cônjuge e o aconselhamento pós-natal sobre aleitamento materno recebido do cônjuge (Tabela 3.1). Os resultados das associações foram descritos em termos de razões de probabilidade e a significância foi fixada em $p < 0{,}05$ (2 lados).

Tabela 3.1: Definição das variáveis utilizadas no modelo de regressão logística binária multivariada

	Variável	Codificação
Variável dependente	Situação do aleitamento materno aos 6 meses	1 = Sim (29) 0 = Não (71)
Variáveis independentes	Perceção da capacidade de sucção à nascença	0 = Mau 1 = Normal
	Tipo de entrega	0 = cesariana 1 = Vaginal
	Educação materna	0= Nenhum/Primário/JSS 1=Secundário/Terciário
	Tipo de bebé	0 = Gémeo 1 = Singleton
	Capacidade percebida de produção de leite materno	0 = Não 1 = Sim
	Propriedade da televisão	0 = Não 1 = Sim
	Intenção pré-natal de EBF	0 = Não 1 = Sim
	Início do aleitamento materno	0 = Após um dia 1 = No prazo de um dia 2 = Dentro de 30 minutos
	Intenção de gravidez	0 = Não planeado 1 = Planeado
	Conselhos de amamentação pré-natal recebidos do cônjuge	0 = Não 1 = Sim
	Conselhos de amamentação pós-natal recebidos do cônjuge	0 = Não 1 = Sim
	Paridade	0 = Primíparas 1 = Multiparidade

CAPÍTULO 4

4.0 RESULTADOS

4.1 Caraterísticas demográficas e socioeconómicas dos participantes

As mães com filhos únicos não diferiram significativamente das mães com gémeos em nenhuma das caraterísticas demográficas, exceto nos níveis de escolaridade (p = 0,006). Quase metade das mães com filhos únicos (46%) tinha atingido o ensino secundário ou superior, em comparação com 20% das mães com gémeos (Tabela 4.1). A idade média das mães com filhos únicos era de 28,80 ± 5,08 anos (variação de 20 a 40 anos), enquanto a das mães com gémeos variava entre 18 e 38 anos, sendo a idade média de 29,10 ± 4,32 anos. A maioria das mães era casada (67%), era maioritariamente comerciante (48%) e trabalhava fora de casa (68%). Cerca de 41% tinham rendimentos mensais inferiores a GHC150,00 e cerca de 54% de todas as mulheres viviam em casas arrendadas.

A partir da Tabela 4.2, a idade média dos bebés únicos não foi significativamente diferente da dos gémeos (3,14 ± 1,37 vs. 3,02 ± 1,12 meses). No entanto, o peso à nascença foi significativamente diferente entre os dois grupos de bebés (3,13 ± 0,51 vs. 2,42 ± 0,39 kg; $p < 0{,}01$). Como era de esperar, cerca de 53% dos gémeos tinham baixo peso à nascença (BPN) ou muito baixo peso à nascença (MBPN), em comparação com apenas 8% dos gémeos solteiros que tinham baixo peso à nascença. Os dois grupos de bebés também diferiam significativamente em termos de idade gestacional ($p < 0{,}01$). Enquanto apenas 6% dos gémeos únicos nasceram antes das 37 semanas de gestação, 28% dos gémeos nasceram pré-termo, ou seja, antes das 37 semanas de gestação.

Tabela 4.1: Caraterísticas demográficas e socioeconómicas dos participantes (N = 100)

Variável	Mães com filhos únicos n (%) n = 50	Mães com gémeos n (%) n = 50	valor *de p*[a]
Idade			
18-25	15 (30)	7 (14)	0.085
26-30	16 (32)	26 (52)	
31-35	14 (28)	15 (30)	
36-40	5 (10)	2 (4)	
Nível de escolaridade			
≤ Secundário júnior	27 (54)	40 (80)	**<0.01***
Secundário superior/Terciário	23 (46)	10 (20)	
Estado civil			
Casado	31 (62)	36 (72)	0.330
Co-habitação	12 (24)	6 (12)	

Solteiro/viúvo	7 (14)	8 (16)	
Ocupação principal			
Trabalhador assalariado	9 (18)	6 (12)	0.193
Artesão	17 (34)	13 (26)	
Comerciante	23 (46)	25 (50)	
Desempregado	1 (2)	6 (12)	
Trabalhar fora de casa			
Sim	36 (72)	32 (64)	0.391
Não	14 (28)	18 (36)	
Rendimento mensal			
<GH₵ 150.00	19 (38)	22 (44)	0.542
≥GH₵150.00	31 (62)	28 (56)	
Propriedade da casa			
Casa própria	21 (42)	25 (50)	0.547
Instalação alugada	29 (58)	25 (50)	
Propriedade da televisão			
Sim	45 (90)	44 (88)	0.749
Não	5 (10)	6 (12)	
Propriedade da rádio			0.160
Sim	41 (82)	35 (70)	
Não	9 (18)	15 (30)	
Modo de transporte			
Automóvel particular	10 (20)	6 (12)	0.275
Transportes públicos	40 (80)	44 (88)	

[a] Teste do qui-quadrado. * $p < 0.05$.

Quadro 4.2: Caraterísticas dos bebés

Variável	Singletons n = 50	Gémeos n = 50 pares	valor p^a
Sexo do bebé			
Masculino	28 (56)	52 (52)	0.643
Feminino	22 (44)	48 (48)	
Idade (meses)			
$\bar{x} \pm$ DP	3.14 ± 1.37	3.02 ± 1.12	
2	25 (50)	22 (44)	0.470
3	7 (14)	12 (24)	
4	8 (16)	10 (20)	
5	6 (12)	5 (10)	

6	4 (8)	1 (2)	
Peso à nascença (kg)			
[b]VLBW	2(4)	10 (10)	
[c]LBW	2(4)	43 (43)	**< 0.01***
Normal	46 (92)	47 (47)	
Idade gestacional			
Pré-termo (<37semanas)	3 (6)	14 (28)	**< 0.01***
Termo (37-42 semanas)	47 (94)	36 (72)	
Admissão na UCI neonatal			
Sim	3 (6)	21 (21)	**0.018**
Não	47 (94)	79 (79)	

[a] Teste do qui-quadrado. [b]BPN: Muito baixo peso ao nascer (< 1,5-1,999 kg);[c] BPN=Baixo peso ao nascer (2,0-2,499 kg); Normal (2,5-4,0 kg). *$p < 0.05$.

4.1.1 Taxas de nascimentos de gémeos nos hospitais participantes

O Tema General Hospital, o principal hospital de referência na metrópole de Tema, registou uma taxa de nascimentos gemelares de aproximadamente 47 nascimentos gemelares por 1000 partos em 2012, ou seja, 1 parto gemelar por cada 20 nascimentos únicos. O Ashaiman Polyclinic e o New Crystal Hospital, ambos localizados no município de Ashaiman, registaram taxas de nascimentos gemelares de 10 nascimentos gemelares por 1000 partos e 8 nascimentos gemelares por 1000 partos, respetivamente.

4.2 Caraterísticas biomédicas e bioculturais das mães

Houve diferenças significativas na intenção de engravidar ($p < 0,01$) entre as mães de ambos os grupos (Tabela 4.3). Para cerca de 68% das mães de gémeos, em comparação com 42% das mães de filhos únicos, a gravidez não foi planeada. Mais uma vez, uma maior proporção de mães com gémeos (66%) considerou que não conseguia produzir quantidades suficientes de leite materno para satisfazer os seus filhos, em comparação com 14% das mães com filhos únicos que tiveram a mesma perceção ($p < 0,01$). O início da amamentação também foi significativamente diferente entre os dois grupos de mães ($p < 0,01$); enquanto 62% das mães com bebés únicos iniciaram a amamentação na primeira hora após o nascimento, apenas 32% das mães com gémeos fizeram o mesmo. Além disso, 48% das mães com gémeos, em comparação com 22% das mães com bebés únicos, iniciaram a amamentação ao fim de um dia. A maioria das mães eram multíparas (n = 69), frequentaram a clínica pré-natal (n = 96) e tiveram parto vaginal (n = 71). Mais de metade das mulheres (n = 53) amamentou os seus bebés entre 11-20 vezes por dia.

Tabela 4.3: Caraterísticas biomédicas e bioculturais dos pares mãe-bebé (N = 100)

Caraterística	Mães com filhos únicos n (%) n = 50	Mães com gémeos n (%) n = 50	valor p^a
Paridade			
Primíparas	17 (34)	14 (28)	0.517
Multíparas	33 (66)	36 (72)	
Intenção de gravidez			
Planeado	29 (58)	16 (32)	**<0.01***
Não planeado	21 (42)	34 (68)	
Capacidade percebida de produção de leite materno			
Sim	43 (86)	17 (34)	**<0.01***
Não	7 (14)	33 (66)	
Frequência de consultas pré-natais			
Sim			
Não	47 (94)	49 (98)	0.617
	3 (6)	1 (2)	
Facilidade para o pré-natal			
Hospital/Policlínica	47 (94)	45 (91.8)	0.715
Clínica privada/Casa de maternidade	3 (6)	4 (8.2)	
Tipo de entrega			
Vaginal	38 (76)	33 (66)	0.271
Cesariana	12 (24)	17 (34)	
Iniciação ao aleitamento materno			
Dentro de 30 minutos	22 (44)	8 (16)	
Dentro de 1 hora	9 (18)	8 (16)	**<0.01***
No prazo de um dia	8 (16)	10 (20)	
Depois de um dia	11 (22)	24 (48)	
Perceção do início da lactação			
No prazo de um dia	21 (42)	15 (30)	0.323
No prazo de 2 dias	10 (20)	8 (16)	
No prazo de 3 dias	10 (20)	18 (36)	
> 4 dias	9 (18)	9 (18)	
DiariamenteFrequência de amamentação			
1-10x			
11-20x	21 (42)	24 (48)	0.455
> 20x	27 (54)	26 (52)	
	2 (4)	0	

[a] Teste do qui-quadrado. * $p < 0.05$.

4.3 Factores associados ao aleitamento materno

Uma percentagem significativamente maior de bebés únicos do que de gémeos (44% vs. 14%; $p < 0,01$) foi amamentada exclusivamente durante seis meses (Tabela 4.4). A capacidade de sucção ao nascer, o peso ao nascer, a idade gestacional e o sexo do bebé não foram significativamente associados ao AME aos seis meses. Além disso, a admissão dos bebês na unidade de terapia intensiva neonatal (UTIN) não foi significativamente associada ao AME aos seis meses ($p < 0,518$).

Tabela 4.4: Factores dos bebés associados ao AME aos 6 meses

	Aleitamento materno durante 6 meses n (%)	**Aleitamento materno durante < 6 meses n (%)**	**valor *de p*[a]**
Tipo de bebé			
Singleton	22 (44)	28 (56)	**<0.01***
Gémeos	7 (14)	43 (86)	
Capacidade de sucção à nascença	12 (18.2)	54 (81.8)	0.139
Fraco Normal	24 (28.6)	60 (71.4)	
Peso à nascença			
BPN (< 2,5 kg)	10 (17.5)	47 (82.5)	0.147
Normal (2,5 - 4,0 kg)	26 (28)	67 (72)	
Idade gestacional			
Pré-termo (< 37 semanas)	3 (17.6)	14 (82.4)	0.258
Termo (37-42 semanas)	26 (31.3)	57 (68.7)	
Sexo			
Masculino	19 (23.8)	61 (76.2)	0.939
Feminino	17 (24.3)	53 (75.7)	
Admissão na UCI neonatal			
Sim	7 (19.4)	17 (14.9)	0.518
Não	29 (80.6)	97 (85.1)	

[a] Teste do qui-quadrado. * $p < 0.05$.

Cerca de 90% de todas as mães que não fizeram AME durante seis meses consideraram que não conseguiam produzir leite materno suficiente para satisfazer os seus bebés até aos seis meses de idade. Surpreendentemente, um número significativo de mães que possuíam aparelhos de TV, em comparação com as mães que não possuíam aparelhos de TV (74,2% vs. 45,5%, $p = 0,048$) amamentaram exclusivamente por menos de seis meses (Tabela 4.5). Nenhum dos outros factores maternos testados mostrou qualquer relação significativa com o AME aos seis meses.

Tabela 4.5: Factores maternos associados ao AME aos 6 meses

	Aleitamento materno durante 6 meses n (%)	**Aleitamento materno durante <6 meses n (%)**	**valor *de p*[a]**
Capacidade percebida de produção de leite materno			
Sim	25 (41.7)	35 (58.3)	**< 0.01***
Não	4 (10)	36 (90)	
Propriedade da televisão			
Sim	23 (25.8)	66 (74.2)	**0.048***
Não	6 (54.5)	5 (45.5)	
Intenção de gravidez			
Planeado	17 (37.8)	28 (62.2)	0.080
Não planeado	12 (21.8)	43 (78.2)	
Início percebido da lactação			
No prazo de um dia	11 (30.6)	25 (69.4)	0.797
Depois de um dia	18 (28.1)	46 (71.9)	
Paridade			
Primíparas	9 (29)	22 (71)	0.996
Multíparas	20 (29)	49 (71)	
Idade materna			
18-30	17 (26.2)	48 (73.8)	0.393
31-40	12 (34.3)	23 (65.7)	
Nível de escolaridade			
Nenhum/Primário/JSS	18 (26.9)	49 (73.1)	0.503
Secundário/Terciário	11 (33.3)	22 (66.7)	
Tipo de entrega			
Cesariana	7 (24.1)	22 (75.9)	0.493
Vaginal	22 (31)	49 (69)	
Início do aleitamento materno			

No prazo de 30 minutos	9 (30)	21 (70)	0.107
No prazo de um dia	14 (40)	21 (60)	
Depois de um dia	6 (17.1)	29 (82.9)	
Plano pré-natal de FEB			
Sim	28 (31.5)	61 (68.5)	0.123
Não	1 (9.1)	10 (90.9)	

[a] Teste do qui-quadrado. * $p < 0.05$.

4.4 Fontes de aconselhamento e apoio em matéria de aleitamento materno recebidas pelos participantes

As participantes neste estudo receberam conselhos sobre aleitamento materno de várias fontes e em alturas diferentes. Houve uma diferença significativa entre as mães de gémeos e as mães de bebés únicos em termos da fonte de aconselhamento pré-natal sobre aleitamento materno recebido (Tabela 4.6). Uma proporção significativa de mães de bebés únicos recebeu conselhos de amamentação pré-natal dos seus cônjuges e familiares ($p < 0{,}01$). No que diz respeito aos conselhos pré-natais recebidos de amigos, 84% das mães de gémeos não obtiveram qualquer conselho de amamentação dos seus amigos, tal como 56% das mães de gémeos simples ($p < 0{,}01$). No entanto, não houve diferença significativa no aconselhamento recebido por ambos os grupos de mães na unidade de saúde.

Durante o período perinatal, 70% das mães com filhos únicos receberam conselhos dos seus cônjuges, em comparação com 30% das mães com gémeos ($p < 0{,}01$). Além disso, mais de metade das mães de filhos únicos (n = 52%) receberam conselhos de amamentação dos seus amigos durante o período perinatal, enquanto 30% das mulheres com nascimentos múltiplos obtiveram conselhos de amamentação dos seus amigos durante o mesmo período ($p = 0{,}041$).

No período pós-natal, menos de metade das mães de gémeos (48%) receberam conselhos de amamentação dos seus cônjuges, em comparação com 72% das mulheres com filhos únicos que o fizeram ($p = 0{,}024$). Pelo contrário, os conselhos de amamentação recebidos de familiares, amigos e dos serviços de saúde no período pós-natal não diferiram significativamente entre os dois grupos de mulheres.

Tabela 4.6: Fontes de aconselhamento sobre aleitamento materno recebidas pelas mães

Momento da receção do aconselhamento	Fonte de aconselhamento	Mães com filhos únicos n (%) n=50	Mães com gémeos n (%) n=50	valor p[a]
Pré-natal	**Cônjuge**			
	Sim	34 (68)	9 (18)	**< 0.01**
	Não	16 (32)	41 (82)	

	Familiares			
	Sim	33 (66)	11 (22)	**< 0.01**
	Não	17 (34)	39 (78)	
	Amigos			
	Sim	22 (44)	8 (16)	**< 0.01**
	Não	28 (56)	42 (84)	
	Saúde			
	Instalações	47 (94)	43 (86)	0.318
	Sim	3 (6)	7 (14)	
	Não			
Perinatal	**Cônjuge**			
	Sim	35 (70)	15 (30)	**< 0.01**
	Não	15 (30)	35 (70)	
	Familiares			
	Sim	36 (72)	29 (58)	0.208
	Não	14 (28)	21 (42)	
	Amigos			
	Sim	26 (52)	15 (30)	**0.041**
	Não	24 (48)	35 (70)	
	Saúde			
	Instalações	47 (94)	46 (92)	1.000
	Sim	3 (6)	4 (8)	
	Não			
Pós-natal	**Cônjuge**			
	Sim	36 (72)	24 (48)	**0.024**
	Não	14 (28)	26 (52)	
	Familiares			
	Sim	37 (74)	29 (58)	0.139
	Não	13 (26)	21 (42)	
	Amigos			
	Sim	25 (50)	17 (34)	0.156
	Não	25 (50)	33 (66)	
	Saúde			
	Instalações	46 (92)	46 (92)	1.000

Sim	4 (8)	4 (8)
Não		

[a] Teste do qui-quadrado. * $p < 0.05$.

4.5 Duração do aleitamento materno nos bebés

A duração mediana do AME para os bebés únicos e gémeos foi de quatro meses e um mês, respetivamente. Em qualquer momento, houve mais filhos únicos amamentados exclusivamente do que gémeos ($p < 0,01$). 60% dos pares de gémeos foram amamentados exclusivamente durante menos de dois meses, ao contrário de 16% dos gémeos que foram amamentados exclusivamente durante menos de dois meses. Aos seis meses, apenas 14% dos bebés gémeos foram amamentados exclusivamente (Quadro 4.7). Por outro lado, 44% dos bebés únicos foram amamentados exclusivamente aos seis meses. Houve diferenças estatísticas ($p < 0,01$) nas percentagens de bebés únicos e gémeos amamentados em exclusivo nos diferentes momentos.

Quadro 4.7: Percentagem de bebés exclusivamente amamentados em pontos de tempo variantes

Pontos de tempo	**Percentagem de amamentação exclusiva**	
	Singletons n (%)	Gémeos n (%)
Aos 2 meses		
(Singletons, n = 15)	7 (14)	6 (12)
(Gémeos, n = 36)		
Aos 4 meses		
(Singletons, n = 26)	6 (12)	2 (4)
(Gémeos, n = 43)		
Aos 6 meses		
(Singletons, n = 50)	22 (44)	7 (14)
(Gémeos, n = 50)		

4.6 Estimativa da ingestão de leite materno entre bebés únicos utilizando o método de diluição de isótopos estáveis

Os consumos de leite materno dos filhos únicos foram estimados utilizando o método de diluição de isótopos estáveis. A Tabela 4.8 mostra a ingestão de leite materno e de outros produtos lácteos de 11 bebés únicos (5 do sexo masculino e 6 do sexo feminino). A menor ingestão de leite materno para os bebés foi de 504 ml/dia, enquanto a maior ingestão registada foi de 1.574 ml/dia. O consumo médio de leite materno foi de 900,18 ± 363,68 ml/dia.

Com base na categorização de aleitamento materno de Medoua *et al.* (2012), os lactentes foram classificados em AME (se a ingestão oral não láctea fosse < 52 ml/dia), predominantemente amamentados (se a ingestão oral não láctea fosse 52-216 ml/dia) e parcialmente amamentados (se a ingestão oral não láctea fosse > 216 ml/dia). A partir desta classificação, apenas dois bebés foram considerados como tendo sido amamentados exclusivamente. No entanto, com base na recolha da dieta de 24 horas, 7 bebés foram considerados exclusivamente amamentados, uma vez que a recolha indicava apenas o consumo de leite materno nas 24 horas anteriores.

Embora alguns bebés tenham sido classificados como exclusivamente amamentados com base na recordação de 24 horas, mais de metade desses bebés foram, na realidade, parcial ou predominantemente amamentados com base no método mais preciso de diluição isotópica. De um modo geral, observou-se que quanto maior era a ingestão de leite materno dos bebés, menor era a ingestão de outros alimentos.

Quadro 4.8: Caraterísticas e consumo de leite materno dos bebés únicos

Não.	Sexo	Idade do bebé (meses)	Peso (kg)	Consumo de leite materno (ml/dia) Média ± DP	Consumo não lácteo (ml/dia)	Estado do aleitamento materno com base na técnica dos isótopos estáveis	Estado de aleitamento materno com base numa recolha de 24 horas
1.	M	3.4	6.96	644 ± 80.95	495	Parcial	Predominante
2.	M	4.5	6.56	1434± 168.86	508	Parcial	Exclusivo
3.	F	4.7	6.27	1155 ± 80.64	554	Parcial	Parcial
4.	F	2.9	4.58	547 ± 111.63	177	Predominante	Predominante
5.	M	3.0	6.71	919 ± 6.01	256	Parcial	Exclusivo
6.	F	4.5	6.35	504 ± 125.23	50	Exclusivo	Exclusivo
7.	M	2.8	5.59	585 ± 99.61	88	Predominante	Exclusivo
8.	F	5.7	5.86	888 ± 3.79	643	Parcial	Exclusivo
9.	F	4.3	6.57	1000 ± 31.62	505	Parcial	Exclusivo
10.	F	5.1	7.59	1574± 213.14	14	Exclusivo	Exclusivo
11.	M	3.7	5.67	652 ± 78.42	1659	Parcial	Predominante

Consumo médio de leite materno: **900,18 ± 363,68 ml/dia.**

M = Masculino, F = Feminino; Exclusivo = Aleitamento materno exclusivo (consumo não lácteo < 52 ml/dia), Predominante = Aleitamento materno predominante (consumo não lácteo de 52-216 ml/dia) e Parcial = Aleitamento materno parcial (consumo não lácteo > 216 ml/dia).

4.7 Estimativa da ingestão de leite materno em bebés gémeos utilizando o método de diluição de isótopos estáveis

Dos 13 pares de gémeos, 12 eram do sexo feminino e 14 do sexo masculino, cujos resultados são apresentados na Tabela 4.9. A média diária de ingestão de leite materno entre estes bebés foi de 609,00 ± 270,21 ml/dia. A ingestão de leite materno dos bebés gémeos variou entre 531-2.072 ml/dia. Com base nas respostas ao registo alimentar de 24 horas, três mães foram classificadas no grupo do AME, enquanto as restantes 10 mães foram classificadas como tendo amamentado parcialmente. No entanto, nenhuma das mães foi classificada como tendo sido amamentada com leite materno através da técnica de diluição isotópica. O método de diluição isotópica, mais preciso, permitiu classificar 12 mães como estando a amamentar parcialmente (ingestão de leite não lácteo > 216 ml/dia), sendo as restantes classificadas no grupo de amamentação predominante (ingestão de leite não lácteo 52-216 ml/dia). O volume médio diário de leite materno produzido por mães com filhos únicos foi significativamente superior ao produzido por mães com filhos gémeos (900,18 ± 363,68 vs. 608,65 ± 270,21, $p = 0,02$).

Quadro 4.9: Consumo de leite materno de bebés gémeos estimado pela técnica dos isótopos estáveis

Não.	Sexo do bebé	Idade do bebé (mês)	Peso dos bebés (kg)	Consumo de leite materno (ml/dia)	TOTAL Consumo de leite materno (ml/dia)	Consumo médio de leite materno (ml/dia) por par de gémeos	Ingestão oral não láctea (ml/dia)	Estado do aleitamento materno com base na técnica dos isótopos estáveis	Estado de aleitamento materno com base numa recolha de 24 horas
	F	4.6	6.0	715	1,138	569 ± 11.45	509	Parcial	Parcial
1	F		6.2	423			386		
	M	3.7	5.6	260	906	453±286.65	546	Parcial	Parcial
2	F		4.6	646			153		
	M	4.0	6.0	646	1,369	685±197.60	800	Parcial	Exclusivo
3	M		6.0	723			106		
	M	5.6	6.7	707	1,305	653±188.36	789	Parcial	Parcial
4	M		7.4	598			612		
	M	4.6	6.0	864	1,722	861±248.55	134	Predominante	Parcial
5	M		5.9	858			121		
	F	3.7	4.7	1,446	2,072	1036±299.07	1434	Parcial	Parcial
6	F		5.4	626			172		
	M	4.0	5.4	365	717	359 ± 103.49	122	Parcial	Parcial
7	F		5.3	352			816		
	F	2.3	4.9	397	807	404 ± 116.48	473	Parcial	Parcial
8	F		4.6	410			316		
	M	3.1	6.1	869	1,575	788 ± 227.33	314	Parcial	Parcial
9	M		6.1	706			324		
10	M	3.5	5.9	441	1,172	586 ± 169.16	242	Parcial	Exclusivo
	M		5.6	731			409		
11	M	2.3	4.6	519	935	468 ± 134.96	468	Parcial	Parcial
	F		4.8	416			357		
12	M	2.6	6.0	1005	1,576	788 ± 227.48	243	Parcial	Exclusivo

	F		4.6	571			340		
13	F	3.0	4.2	134	531	265.5 ± 76.64	287	Parcial	Parcial
	F		5.4	397			773		

Consumo médio de leite materno: **608,65 ± 270,21 ml/dia**. Exclusivo = Aleitamento materno exclusivo (consumo de leite não materno < 52 ml/dia), Predominante = Aleitamento materno predominante (consumo de leite não materno de 52-216 ml/dia) e Parcial = Aleitamento materno parcial (consumo de leite não materno > 216 ml/dia).

A figura 4.1 ilustra a curva de decaimento do óxido de deutério numa díade mãe-singleton durante um período de 14 dias. A concentração do isótopo aumentou gradualmente no bebé entre os dias 1 e 4, após o que a sua concentração começou a diminuir de forma constante. O desaparecimento do isótopo no corpo da mãe correspondeu ao seu aparecimento no corpo do bebé. Comparando a inclinação da curva de decaimento da mãe na Figura 4.1 com a da díade mãe-gémeos na Figura 4.2a e 4.2b, observou-se que a inclinação da curva da mãe com o gémeo era menos acentuada em comparação com as curvas de decaimento da mãe com gémeos. Isto indica que o decaimento do isótopo no corpo da mãe com gémeos foi mais rápido do que o decaimento no corpo da mãe com um único filho, uma vez que a mãe com gémeos estava a alimentar dois bebés ao mesmo tempo. Além disso, o pico da curva para os bebés únicos foi de cerca de 450 mg/kg, em comparação com cerca de 200 a 250 mg/kg para os bebés gémeos.

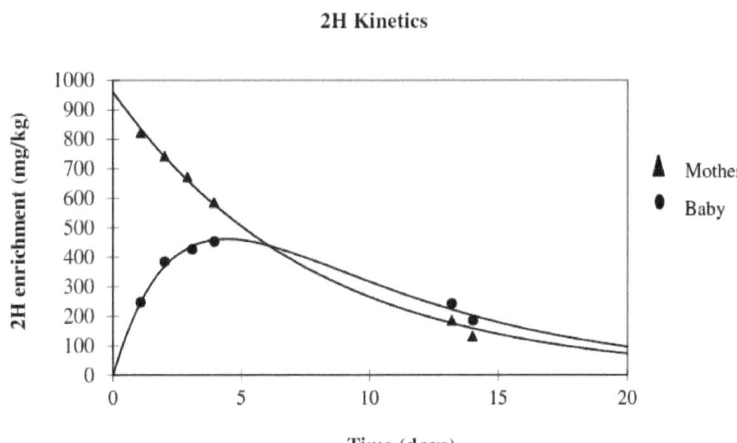

Fig 4.1:[2] Curva de decaimento do enriquecimento de H para uma mãe com um único filho

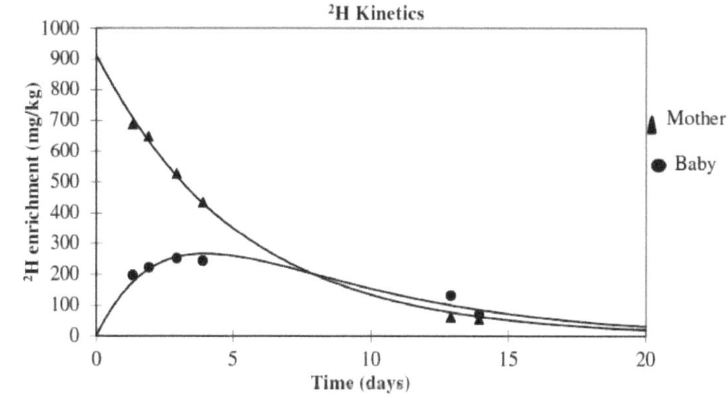

Fig 4.2a:[2] Curva de decaimento do enriquecimento de H para uma díade mãe-gémeo (1st gémeo)

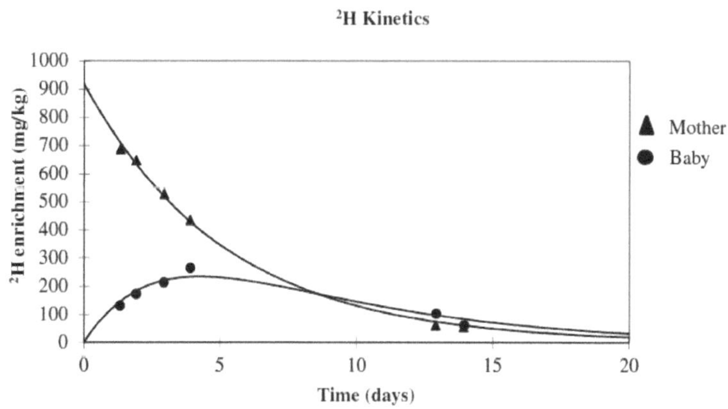

Fig 4.2b:[2] Curva de decaimento do enriquecimento de H para uma díade mãe-gémeo (2nd gémeo)

4.8 Preditores do aleitamento materno aos 6 meses

No total, foram incluídas doze variáveis no modelo de regressão logística binária multivariada para determinar os possíveis factores de previsão do AME aos seis meses (Tabela 4.10). As variáveis que se revelaram significativamente associadas ao AME aos seis meses foram a perceção da capacidade de produção de leite materno e a intenção pré-natal de AME. As mães que consideravam que conseguiam produzir leite materno suficiente para satisfazer os seus bebés tinham cerca de quatro vezes mais probabilidades de amamentar exclusivamente aos seis meses (AOR = 4,340; IC 95%, 1,011-18,622) do que as mães que consideravam que não conseguiam. Além disso, as mulheres que, durante a gravidez, planearam amamentar exclusivamente os seus bebés tinham cerca de 16 vezes mais probabilidades de amamentar exclusivamente os seus filhos aos seis meses (AOR = 16,075; IC 95%, 1,077-239,951) do que as mães que não planearam fazê-lo.

Quadro 4.10: Factores determinantes da situação do AME aos 6 meses (N = 100)

Variável	Tamanho da amostra (n)	AOR[c]	IC 95%	valor *de p*
Perceção da capacidade de sucção à nascença				
Pobres	41	0.331	0.091-1.203	0.093
Normal (Ref)	59	1.000		
Tipo de entrega				
Cesariana	29	2.055	0.283-14.938	0.477
Vaginal (Ref)	71	1.000		
Educação materna				
Nenhum /Primário/JSS[ab]	67	1.703	0.514-5.642	0.384
Secundário/Terciário (Ref)	33	1.000		
Tipo de bebé				
Singleton	50	3.111	0.717-13.506	0.130
Twin (Ref)	50	1.000		
Capacidade percebida de produção de leite materno				
Sim	60	4.340	1.011-18.622	**0.048***
Não (Ref)	40	1.000		
Propriedade da televisão				
Não	11	3.566	0.641-19.841	0.147
Sim (Ref)	89	1.000		
Intenção pré-natal de EBF				
Sim	89	16.075	1.077-239.951	**0.**044*
Não (Ref)	11	1.000		
Início do aleitamento materno				
Depois de um dia	35	1.002	0.123-8.189	0.999
No prazo de um dia	35	4.097	0.939-17.883	0.061
Dentro de 30 minutos (Ref)	30	1.000		
Intenção de gravidez				
Não planeado	55	0.621	0.189-2.038	0.432
Planeado (Ref)	45	1.000		
Conselhos de amamentação pré-natal recebidos do cônjuge				
Não	57	1.799	0.321-10.099	0.134

Sim (Ref)	43	1.000		
Conselhos de amamentação pós-natal recebidos do cônjuge				
Não	40	0.296	0.060-1.455	0.134
Sim (Ref)	60	1.000		
Paridade				
Primíparas	31	0.878	0.247-3.124	0.841
Multíparas (Ref)	69	1.000		

[a]Nenhum na classificação da educação materna refere-se a nenhuma educação formal;[b] JSS: Junior Secondary School;[c] AOR: Adjusted Odds Ratio; Ref, Categoria de referência; CI: Intervalo de confiança; $*p < 0,05$. Parâmetros de ajuste de Hosmer-Lemeshow: $\chi2_{8} = 9,605$, $p = 0,294$.

CAPÍTULO 5

5.0 DISCUSSÃO

As taxas de AME entre gémeos e filhos únicos neste estudo foram bem comparadas com as taxas relatadas por outros estudos (Yokoyama *et al.*, 2006; Aidam *et al.*, 2005; Yokoyama e Ooki, 2004). Mais bebés únicos do que gémeos foram amamentados exclusivamente até aos seis meses recomendados.

5.1 Factores associados ao aleitamento materno aos 6 meses

Este estudo identificou três factores que estavam significativamente associados ao AME aos seis meses, ou seja, o tipo de bebé (único ou gémeos), a perceção da capacidade de produção de leite materno e a posse de uma televisão.

5.1.1 Tipo de bebé (solteiros vs. gémeos)

Exatamente 44% dos bebés únicos estavam em EBF aos seis meses, em comparação com 14% dos gémeos que estavam em EBF aos seis meses. Esta conclusão está de acordo com outros estudos que referem que os gémeos e outros nascimentos múltiplos de ordem superior têm menos probabilidades de estar amamentados aos seis meses do que os seus homólogos únicos (Yokoyama *et al.*, 2006; Yokoyama e Ooki, 2004). Estes estudos também indicaram que as mães de gémeos e de outros nascimentos múltiplos de ordem superior tinham mais probabilidades de alimentar os seus bebés com biberão do que as mães de filhos únicos. A avaliação da eficácia de um programa de aleitamento materno polaco realizado para promover as taxas de AME até aos seis meses entre os bebés daquele país concluiu que o AME entre gémeos e trigémeos era muito baixo, 4,9% (n = 122), enquanto o dos filhos únicos era de 73,2% (Yokoyama *et al.*, 2006; Czeszyñska e Kowalik, 1998). Algumas razões que têm sido citadas para esta observação entre os bebés gémeos incluem a fraca capacidade de sucção, a baixa idade gestacional (< 37 semanas), o baixo peso à nascença (< 2,5 kg) e o início tardio da amamentação (3-4 dias após o parto). No entanto, no presente estudo, estes factores não foram significativamente associados ao AME aos seis meses. A associação significativa entre o tipo de bebé e o AME aos seis meses pode ser atribuída ao stress resultante do trabalho extra que as mães de gémeos têm de fazer para alimentar e cuidar dos seus bebés. É possível que o stress envolvido no cuidado de dois bebés obrigue essas mães a recorrer à amamentação com biberão, uma vez que, com a amamentação com biberão, as mães podem contar com a ajuda de outros membros da família ou mesmo de amigos próximos (Doulougeri *et al.*, 2013; Moore, 2007). Além disso, o stress é um conhecido inibidor da prolactina e da oxitocina; duas hormonas que são cruciais na produção e ejeção do leite materno, respetivamente (Byrd-Bredbenner *et al.*, 2009). Vale a pena mencionar que cuidar de dois bebés ao mesmo tempo exige muito do tempo da mãe. Assim, essas mães, em comparação com os pares mãe-singleton, podem não ter tempo suficiente para descansar e manter-se nutridas, factores também muito importantes para manter a lactação (Flidel-Rimon e Shinwell 2002). Esta constatação exige apoio adicional de familiares, amigos e do sistema de saúde para as mães de gémeos, a fim de as encorajar a amamentar o mais possível nos primeiros seis meses (Kiełbratowska *et al.*, 2010; Östlund *et al.*, 2010).

5.1.2 Capacidade percebida de produção de leite materno

A perceção da capacidade de produção de leite materno foi outro fator materno significativamente associado ao AME aos seis meses neste estudo. A maioria das mães (90%) que consideravam que não conseguiam produzir leite materno suficiente para satisfazer os seus bebés até aos seis meses introduziu outros alimentos e líquidos, em particular fórmulas e papas, antes dos seis meses. É interessante notar que uma maior proporção de mães com gémeos considerava que não conseguia produzir leite materno suficiente para satisfazer os seus filhos até aos seis meses de idade. Por conseguinte, é provável que este fator tenha levado as mães com gémeos a amamentar durante menos de seis meses. A perceção da insuficiência de leite materno foi referida por outros investigadores como uma barreira importante ao AME, mesmo entre os filhos únicos (Ukegbu *et al.*, 2011; Otoo *et al.*, 2009; Fjeld *et al.*, 2008). As mães interpretam o choro persistente dos bebés depois de terem sido amamentados como significando que o leite materno é inadequado e, por isso, deve ser complementado com outros líquidos ou alimentos, como água, leite em pó ou papas. Entre os gémeos e outros nascimentos múltiplos de ordem superior, esta perceção parece estar fortemente relacionada com o AME durante menos de seis meses, especialmente nos casos em que as avós e outros familiares pressionam as mães que amamentam a dar outros alimentos. As observações feitas durante as entrevistas com pares de mães gémeas sugeriram que as avós dos bebés gémeos, apesar de estarem conscientes dos benefícios do AME, pareciam convencidas de que o leite materno sozinho não era suficiente para satisfazer os bebés até aos seis meses. Noutros cenários, algumas mães relataram que os médicos, enfermeiros e parteiras as encorajaram (díades mãe-gémeo) a complementar o leite materno com fórmula e outros líquidos, não porque as mães estivessem doentes ou não pudessem amamentar, mas porque tinham dois bebés. Assim, em vez de os profissionais de saúde encorajarem o aleitamento materno exclusivo entre este grupo de alto risco, alguns empenham-se em dissuadir as mães lactantes de o fazerem (Flidel-Rimon e Shinwell 2002). Juntamente com o facto de quase metade dos pares mãe-gémeo terem rendimentos mensais inferiores a GHC 150.00, a introdução precoce de outros alimentos e líquidos pode aumentar o custo familiar de cuidar destes bebés. Isto porque a introdução precoce de outros alimentos ou líquidos pode resultar em diarreia, otite média e outras infecções (Bartick e Reinhold, 2010; Dewey *et al.*, 1995) que podem comprometer o estado nutricional e de saúde geral dos bebés. Além disso, o elevado custo do leite em pó pode ser insuportável para algumas mães (Bartick, 2011; Bartick e Reinhold, 2010), especialmente para os pares de mães e gémeos que, em geral, precisam de comprar mais leite em pó para alimentar dois bebés. Por isso, é importante corrigir a perceção de insuficiência de leite materno entre as mães que amamentam através da intensificação dos programas de promoção do AME. Além disso, deve ser incentivada a formação de grupos de apoio comunitários constituídos por mães que tenham conseguido amamentar gémeos com sucesso durante seis meses, a fim de proporcionar o apoio psicossocial necessário às novas mães.

5.1.3 Propriedade da TV

Ao contrário de outros estudos (Ukegbu *et al.*, 2011; Haider *et al.*, 2010), um número significativo de mães que possuíam um aparelho de TV neste estudo amamentou exclusivamente por menos de seis meses. Haider *et al* (2010) relataram que 81% das mães lactantes de Bangladesh obtiveram mensagens sobre alimentação infantil nos meios de comunicação de massa. Desta percentagem, 97% das mães recordavam ter ouvido na televisão mensagens sobre o AME durante os primeiros seis meses e sobre a alimentação complementar adequada após os seis meses. Por conseguinte, indicaram que os esforços contínuos na transmissão de programas de promoção do AME na televisão poderiam resultar em taxas apreciáveis de AME. É possível que, se as mães deste estudo tivessem sido expostas a programas de FBE transmitidos pela televisão, tivessem mais probabilidades de amamentar exclusivamente até aos seis meses. Atualmente, no Gana, não são transmitidos na televisão quaisquer programas de promoção do AME. A única campanha nacional de nutrição infantil que passa atualmente na televisão do Gana é o anúncio patrocinado pela Agência dos Estados Unidos para o Desenvolvimento Internacional (USAID) "Aduane Pa Ma Asetena Pa" (Boa Alimentação para uma Vida Boa) (www.goodlifeghana.com). O anúncio, que foi lançado em 2013 pelo Ministério da Saúde e pelo Serviço de Saúde do Gana, é transmitido nos canais de televisão ganeses e centra-se principalmente na alimentação complementar adequada e atempada após os seis meses. Não fornece muitas informações sobre a AME durante os primeiros seis meses (www.goodlifeghana.com). A modificação do anúncio "Aduane Pa Ma Asetena Pa" para incluir mais informação sobre os benefícios do AME nos primeiros seis meses pode aumentar as taxas de AME. Além disso, a educação dos prestadores de cuidados e de outros membros da família, como os pais e as avós, através da televisão, para que compreendam que as mães bem nutridas podem produzir quantidades adequadas de leite materno para alimentar os seus bebés até aos seis meses, pode contribuir para aumentar as taxas no futuro.

Os resultados de estudos realizados na República Democrática Popular do Laos (RDP) e no Vietname sugerem que a publicidade televisiva influencia fortemente as taxas de AME aos seis meses (Putthakeo *et al.*, 2009; Duong *et al.*, 2005). Na RDP do Laos, por exemplo, de 75% das mães lactantes que viram anúncios que promoviam a fórmula infantil na televisão, 48,4% indicaram que queriam comprar fórmula infantil depois de verem os anúncios (Putthakeo *et al.*, 2009; Duong *et al.*, 2005). Felizmente, no Gana, o Ghana Code of Marketing of Breast Milk Substitutes (Ghana Breastfeeding Promotion Regulations (LI, 1667), 2000) não permite a publicidade a fórmulas para lactentes, pelo que a introdução de anúncios que promovam o AME até aos seis meses poderia encorajar as mães a continuar a prática do AME durante os seis meses recomendados.

5.2 Duração do aleitamento materno nos bebés

A duração média do AME entre os bebés únicos foi significativamente mais longa do que a duração média entre os bebés gémeos. Este facto é consistente com os resultados de estudos anteriores, nos quais uma percentagem maior de gémeos do que de bebés únicos foi amamentada durante menos de dois meses (Östlund *et al.,* 2010; Moore 2007). Cerca de metade dos gémeos (n = 15 pares) deste estudo que foram amamentados durante menos de 2 meses foram introduzidos na fórmula logo após o parto. As restantes mães referiram ter introduzido outros alimentos ou líquidos para além do leite materno cerca de 3 a 7 dias após o parto. As razões mais comuns apresentadas por estes pares de mães e gémeos para a introdução de outros alimentos incluem a perceção do atraso no início da lactação, o choro persistente dos bebés após a amamentação e problemas de saúde após a cesariana, embora estes factores determinantes não tenham sido significativamente associados ao AME aos seis meses. Por outro lado, estes factores têm sido indicados para diminuir as taxas de AME entre os filhos únicos e, especialmente, entre os gémeos (Vassilaki *et al.,* 2012; Zanardo *et al.,* 2010; Otoo *et al.,* 2009).

A taxa de AEB aos seis meses entre os gémeos (14%), embora baixa, parece ser superior às taxas registadas noutros estudos. No Japão e na Polónia, as taxas de FBE registadas entre gémeos e trigémeos foram de 4,1% e 4,9%, respetivamente (Yokoyama *et al.,* 2006; Czeszyñska e Kowalik, 1998). A taxa de FEB entre os filhos únicos neste estudo (44%) foi comparável à registada entre os filhos únicos japoneses (44,7%). No entanto, foi muito inferior à taxa de 52% registada em Acra, no Gana, por Aidam *et al* (2005) e aos 46% recentemente registados pelo Inquérito de Indicadores Múltiplos da UNICEF (GNA, 2012). Isto indica um declínio na taxa de AME entre os solteiros, o que é surpreendente, uma vez que a maioria destas mães referiu ter recebido aconselhamento sobre amamentação nas unidades de saúde no período pré-natal, perinatal e pós-natal. A curta duração do AME observada em ambos os grupos de mães pode ser atribuída a uma falta de empenhamento por parte das mães em perseverar face aos desafios. Desafios como problemas de saúde, perceção de atraso no início da lactação e choro persistente dos bebés após a amamentação foram comummente citados pelas mães como razões pelas quais introduziram outros alimentos ou líquidos antes dos seis meses. Os enfermeiros de saúde pública e outros profissionais de saúde responsáveis pela educação das mães sobre os benefícios do aleitamento materno devem ser encorajados a abordar estas preocupações entre as mães que amamentam. No futuro, a promoção do aleitamento materno também deve ser dirigida a outros membros da família e da sociedade, como os pais, as avós e os amigos mais próximos, uma vez que também podem influenciar a decisão que as mães tomam em relação ao aleitamento materno.

5.3 Estimativa da ingestão de leite materno em bebés únicos e gémeos

Os bebés solteiros deste estudo consumiram uma média de 900 ml de leite materno por dia. Isto é consistente com os resultados de Wells *et al.*, (2012) que relataram uma média de 901 ml de leite materno entre os bebés únicos alimentados com leite materno, utilizando o método de diluição de isótopos estáveis na Islândia. O volume médio de leite materno ingerido pelos bebés únicos deste estudo está de acordo com o intervalo de leite materno produzido por uma mãe saudável e bem nutrida (699-854 ml/dia) (Kent *et al.*, 2006; Butte *et al.*, 2002). Este resultado sugere que as mães com filhos únicos neste estudo podem amamentar exclusivamente os seus bebés durante os seis meses recomendados. Sabe-se que o método convencional de pesagem por teste, que tem sido utilizado ao longo dos anos para estimar a ingestão de leite materno, subestima os volumes de leite materno em cerca de 1-5% (Savenije e Brand, 2006; Brown *et al.*, 1982), ao contrário da técnica de diluição de isótopos estáveis, que é mais exacta e precisa. Outros investigadores que utilizaram o método de diluição de isótopos estáveis na avaliação da ingestão de leite materno entre crianças solteiras registaram médias inferiores às observadas neste estudo, mas dentro do intervalo estabelecido de 669-854 ml/dia (Medoua *et al.*, 2012; Adom *et al.*, 2011; Moore *et al.*, 2007). A ingestão de leite não materno entre os bebés únicos foi, em média, de cerca de 450 ml/dia, apesar do elevado volume de leite materno produzido pelas mães. Estudos anteriores relataram que a introdução precoce de outros alimentos ou líquidos tem o potencial de reduzir a duração do AME, além de expor os bebés à diarreia e a outras doenças (Medoua *et al.*, 2012; Wells *et al.*, 2012; Dewey *et al.*, 1995). Com base na recordação de 24 horas, 63% dos bebés únicos (n = 11) foram amamentados exclusivamente, enquanto apenas 18% foram amamentados exclusivamente com base na técnica de diluição de isótopos estáveis. Esta descoberta era esperada, uma vez que a recordação de 24 horas para avaliar o estado de amamentação demonstrou sobrestimar as taxas de AME (Medoua *et al.*, 2012; Adom *et al.*, 2011), por vezes devido a um viés de recordação ou à tendência para relatar o que as mães consideram que os investigadores querem ouvir (Otoo *et al.*, 2009). O uso do isótopo estável de óxido de deutério, no entanto, é capaz de decifrar com precisão entre os entrevistados que realmente têm AME e aqueles que não têm. Outra vantagem da técnica de diluição de isótopos estáveis sobre a recolha de 24 horas para estimar as taxas de AME é que a primeira fornece informações adicionais sobre o volume de leite não materno consumido. Esta informação serve de guia na classificação do estado de aleitamento materno dos bebés.

O consumo médio de leite materno dos bebés gémeos foi significativamente inferior ao consumo dos bebés únicos (608,65 ± 270,21 vs. 900,18 ± 363,68, $p = 0{,}02$). Kielbratowska *et al* (2010) e Saint *et al* (1986) utilizaram o método de pesagem de teste, menos preciso, para estimar o leite materno produzido por mães que amamentam gémeos e relataram rendimentos entre 840-2.160 g. Tanto quanto sabemos, este é o primeiro estudo que utilizou o método de diluição de isótopos estáveis para estimar a ingestão de leite de gémeos. Seriam necessários mais estudos noutros contextos que utilizassem este método para confirmar os nossos resultados para mães de gémeos.

Os resultados de um estudo realizado por da Costa e colaboradores (2010) para avaliar a ingestão média de leite humano entre 1115 bebés únicos (em 12 países de 5 continentes, incluindo África) revelaram uma média global de leite materno de 780 g/dia. Os investigadores utilizaram a técnica de diluição de isótopos estáveis e concluíram que os bebés com menos de seis meses necessitam de pelo menos 780 g/dia de leite materno para crescerem bem. Parece, portanto, que o volume médio diário de leite materno consumido pelos bebés gémeos neste estudo pode não ser adequado para satisfazer as necessidades nutricionais dos pares de gémeos. O AME entre pares mãe-gémeos não é tão simples como o observado entre pares mãe-singleton. Isto porque são necessários vários factores, como a perceção da capacidade de produzir leite materno adequado, o início precoce da amamentação, a saúde e o apoio maternos, para garantir que a lactação se mantém e que o AME continua até aos seis meses (Moore, 2007). É digno de nota o facto de oito dos 13 pares mãe-gémeos terem uma produção de leite superior a 1.100 ml/dia. De facto, uma dessas mães com gémeos produziu um total de cerca de 2.100 ml de leite materno/dia. No entanto, com base na técnica de diluição de isótopos estáveis, nenhum dos bebés pôde ser classificado como exclusivamente amamentado, uma vez que todos eles tinham consumos de leite não materno superiores a 52 ml/dia. É importante compreender os factores que influenciam o AME entre mães de gémeos para poder apoiá-las melhor.

O método de diluição de isótopos estáveis de óxido de deutério dose-a-mãe utilizado neste estudo foi concebido para estimar o consumo de leite materno entre bebés únicos amamentados. Tanto quanto é do nosso conhecimento, nenhum estudo utilizou este método para estimar o consumo de leite materno entre gémeos, embora tenha sido utilizado muitas vezes para estimar o consumo de leite entre bebés únicos. Por conseguinte, são necessários mais estudos para validar a exatidão do método em mães com bebés gémeos.

5.4 Determinantes do aleitamento materno aos seis meses

Dois factores previram significativamente o AME aos seis meses: a perceção da capacidade de produção de leite materno e a intenção pré-natal de AME. As inquiridas que se consideravam capazes de produzir leite materno suficiente para satisfazer os seus bebés tinham uma maior probabilidade de amamentar exclusivamente até aos seis meses e vice-versa. Essas mães tinham maior probabilidade de persistir no AME e de não desistir facilmente, mesmo quando confrontadas com desafios como o stress ou o choro constante do bebé (Otsuka *et al.,* 2008; Sacco, 2006). A perceção da capacidade de produção de leite materno está intimamente ligada à auto-eficácia, que é definida como a convicção que um indivíduo tem na sua capacidade de realizar com sucesso uma determinada tarefa (Bandura, 1977). A confiança da mãe de que pode amamentar com sucesso, apesar de todas as probabilidades, foi identificada como um fator importante na previsão do início e da duração do aleitamento materno (Wheeler e Dennis, 2013; Jackson, 2012). Portanto, não é surpreendente que, neste estudo, as mães que estavam confiantes na sua capacidade de produzir leite materno adequado para satisfazer os seus bebés tivessem quatro vezes mais probabilidades de amamentar aos seis meses, em comparação com as suas homólogas que não estavam confiantes.

A intenção pré-natal de amamentar também previu positivamente o AME aos seis meses. Este facto está de acordo com os resultados de estudos semelhantes que encontraram associações positivas entre o plano pré-natal das mães para o AME após o parto e a prática efectiva de amamentação (Bai *et al.*, 2010; Aidam *et al.*, 2005). Anderson *et al* (2007) observaram que os inquiridos que, durante a gravidez, tinham intenção de amamentar, tinham maior probabilidade de amamentar após a alta hospitalar. Considerando que a intenção de uma mãe de fazer AME pode efetivamente influenciar a sua escolha de alimentação do bebé após o parto, sugere-se que os programas de promoção do AME devem ser dirigidos às mães antes do parto. Isto poderia contribuir para taxas mais elevadas de AME aos seis meses.

Uma limitação deste estudo é o facto de as dimensões das amostras em cada grupo de estudo poderem não ter sido suficientemente grandes para identificar associações estatísticas adicionais. Por conseguinte, a ausência de associações neste estudo deve ser interpretada com precaução.

CAPÍTULO 6

6.0 CONCLUSÕES E RECOMENDAÇÕES

6.1 CONCLUSÕES

O objetivo geral deste livro é o de melhorar a compreensão dos factores que levam ao aleitamento materno exclusivo entre as mães ganesas, especialmente as que amamentam gémeos. Os objectivos específicos foram os seguintes

(i) Identificar os factores associados ao aleitamento materno de gémeos; (ii) Determinar a duração do aleitamento materno de mães de gémeos e (iii) Estimar o volume médio diário de leite materno produzido por mães que amamentam gémeos em comparação com mães que amamentam filhos únicos, utilizando o método de diluição de isótopos estáveis.

Em resultado da revisão da literatura e da investigação empírica realizada, foram identificados três factores positivamente associados ao AME: o tipo de bebé (ou seja, ser gémeo em comparação com um único), a capacidade percebida pelas mães de produzir leite materno suficiente até aos seis meses e a posse de um aparelho de televisão.

A duração média do aleitamento materno foi mais curta para as mães de gémeos (um mês) do que para as mães de filhos únicos (quatro meses). Globalmente, as mães de gémeos produziram uma média diária de leite materno inferior, cerca de 609 ml/dia ± 270,21, em comparação com o volume médio de 900,18 ± 363,68 ml/dia produzido pelas mães de filhos únicos. Os factores de previsão do aleitamento materno aos seis meses identificados foram a perceção da capacidade de produção de leite materno e a intenção de aleitamento materno pré-natal

6.2 RECOMENDAÇÕES

As mães de bebés gémeos devem ser encorajadas durante o período pré-natal a amamentar exclusivamente após o parto. O encorajamento constante do pessoal de saúde e dos grupos comunitários de apoio às mães para que as futuras mães tomem esta decisão crucial mesmo antes do parto pode contribuir para aumentar as taxas de AME neste grupo de alto risco.

Os profissionais de saúde, tais como médicos, enfermeiros e parteiras, que estão normalmente em contacto próximo com as mulheres grávidas, devem receber regularmente cursos de reciclagem para aperfeiçoarem as suas competências e conhecimentos sobre os cuidados a prestar aos bebés, em especial no caso de nascimentos múltiplos. Isto garantiria que os profissionais de saúde se mantivessem a par das questões relacionadas com as práticas alimentares dos lactentes e das crianças jovens. Devem também ser monitorizados e avaliados periodicamente pelas autoridades competentes para garantir que transmitem às mães lactantes informações exactas sobre a nutrição materna e infantil. Isto porque alguns participantes, especialmente os que tinham gémeos, admitiram durante o estudo que alguns profissionais de saúde os aconselharam a alimentar os seus bebés com leite em pó, puré de kenkey, água, entre outros, uma vez que tinham dois bebés e não podiam alimentá-los adequadamente apenas com leite materno durante 6 meses.

Por último, mas não menos importante, são necessários estudos prospectivos que acompanhem os bebés gémeos durante os primeiros seis meses de vida para monitorizar a ingestão de leite materno e o crescimento, a fim de estabelecer com precisão a duração do aleitamento materno para os gémeos.

REFERÊNCIAS

Adom, T., Bansa, D., Boatin, R., Timpo, S., Asamoa-Tutu, P., Vuore, T., e Datohe, D. (2011). Medição da ingestão de leite materno utilizando óxido de deutério e espetrofotómetro de infravermelhos com transformação de Fourier - um estudo piloto. *Jornal da Associação Científica do Gana 13(1).*

Aidam, B. A., Perez-Escamilla, R., Lartey, A., e Aidam, J. (2005). Factores associados ao aleitamento materno exclusivo em Accra, Gana. *Jornal Europeu de Nutrição Clínica 59,* 789-796.

Akinboro, A., Azeez, M. A., e Bakare, A. A. (2008). Frequency of twinning in southwest Nigeria (Frequência de gemelaridade no sudoeste da Nigéria). *Indian Journal of Human Genetics 14*(2), 41-47.

Akter, S., Hossain, K., Moniruzzaman, S. M., e Jahan, I. (2011). Aleitamento materno exclusivo entre bebés prematuros de baixo peso à nascença no seguimento de um mês após a alta hospitalar. *Journal of Enam Medical College 1*(1), 24-30.

Alemayehu, T., Haidar, J., e Habte, D. (2009). Determinants of exclusive breastfeeding practices in Ethiopia (Determinantes das práticas de aleitamento materno exclusivo na Etiópia). *Ethiopian Journal of Health Development 23*(1), 12-18.

Academia Americana de Pediatria, (2005). Aleitamento materno e utilização de leite humano. *Pediatria 115(2),* 496-506.

Anderson, K. A., Damio, G., Chapman, J. D., e Perez-Escamilla, R. (2007). Differential response to an exclusive breastfeeding peer counseling intervention: the role of ethnicity. *Journal of Human Lactation 23*(1), 16-23.

Arslanoglu, S., Ziegler, E. E., Moro, G. E., e o Grupo de Trabalho sobre Nutrição do WAPM. (2010). Leite humano de dadora na alimentação de bebés pré-termo: evidências e recomendações. *Journal of Perinatal Medicine 38(4),* 347-351.

Aryeetey, R. N. O., Marquis, G. S., Brakohiapa, L., Timms, L., e Lartey, A. (2009). Subclinical mastitis may not reduce breastmilk intake during established lactation. *Breastfeeding Medicine, 4*(3), 161-166.

Bai, Y., Middlestadt, E. S., Peng, J. C-Y., e Fly, D. A. (2010). Predictors of continuation of exclusive breastfeeding for the first six months of life (Preditores da continuação do aleitamento materno exclusivo nos primeiros seis meses de vida). *Journal of Human Lactation 26(1),* 26-34.

Bandura, A. (1977). Self-efficacy: Toward a unifying theory of behavioural change. *Psychological Review 84(2),* 191-215.

Bartick, M. (2011). Breastfeeding and the U.S. economy (Amamentação e a economia dos EUA). *Breastfeeding Medicine 6*(5), 313-317.

Bartick, M., e Reinhold, A. (2010). The Burden of Suboptimal Breastfeeding in the United States: A Pediatric Cost Analysis. *Pediatrics 125(5),* e1048-e1056.

Ben-Jonathan, N., e Hnasko, R. (2001). Dopamina como inibidor da prolactina (PRL). *Endocrine Reviews 22(6),* 724.

Braun, M. L. G., Giugliani, E. R. J., Soares, M. E. M., Giugliani, C., de Oliveira, A. P., e Danelon, C. M. M. (2003). Avaliação do impacto da iniciativa hospital amigo da criança nas taxas de aleitamento materno. *American Journal of Public Health 93(8),* 1277-1279.

Boseley, S. (2009). *The health risks of multiple pregnancies.* Recuperado de http://www. Guardian.Co.Uk/Uk/2009/J an/27/Multiple-Pregnancy-Health- Dangers em 20 de setembro de 2012.

Bragelien, R., R0kke, W., e Markestad, T. (2007). Estimulação da sucção e da deglutição para promover a alimentação oral em bebés prematuros. *Ata Paediatrica 96*(10), 1430-1432.

Brown, K. H., Black, R. E., Robertson, A. D., Akhtar, N. A., Ahmed, G., e Becker, S. (1982). Clinical and field studies of human lactation methodological considerations. *American Journal of Clinical Nutrition 35,* 745-756.

Byrd-Bredbenner, C., Moe, G., Beshgetoor, D., e Berning, J. (2009). *Nutritional aspects of pregnancy and breastfeeding* In: Wardlaw's Perspectives in Nutrition, 8th ed., pp 573 - 603. McGraw Hill Companies Inc. Nova Iorque, EUA.

Butte, N. F., Lopez-Alarcon, G. M., e Garza, C. (2002). *Human-milk intake during exclusive breastfeeding* in *the first year of life* in Nutrient adequacy of exclusive breastfeeding for the term infant during the first six months of life. Organização Mundial de Saúde, Genebra, pp8-15.

Butte, N. F., Wong, W. W., Patterson, B. W., Garza, C., e Klein, P. D. (1988). Ingestão de leite humano medida pela administração de óxido de deutério à mãe: uma comparação com a técnica de pesagem-teste. *American Journal of Clinical Nutrition 47,* 815-821.

Bulmer, M. G. (1970). *The biology of twinning in man.* Clarendon Press, Oxford, Reino Unido.

Cai, X., Wardlaw, T., e Brown, D. W. (2012). Global trends in exclusive breastfeeding (Tendências globais no aleitamento materno exclusivo). *International Breastfeeding Journal 7*(12), 1-5.

Centros de Controlo e Prevenção de Doenças (CDC). Breastfeeding report card-United States 2010 (2010). Recuperado de http://www.cdc. gov/breastfeeding/data/reportcard.htm em 25 de março de 2013.

Centros de Controlo e Prevenção de Doenças (CDC). Breastfeeding report card-United States 2012 (2012). Recuperado de http://www.cdc. gov/breastfeeding/data/reportcard.htm em 25 de março de 2013.

Cregan, M. D., De Mello, T. R., Kershaw, D., Mcdougall, K., e Hartmann, P. E. (2002). Iniciação da lactação em mulheres após parto pré-termo. *Ata Obstetricia et Gynecologica Scandinavica 81,* 870-877.

Coward, W. A., e Whitehead, R. G. (1972). Changes in serum 0- lipoprotein concentration during the development of Kwashiorkor and recovery. *British Journal of Nutrition 27,* 383-393.

Coward, W. A., Sawyer, M. B., Whitehead, R. G., Prentice, A. M., e Evans, J. (1979). Novo método para medir a ingestão de leite em bebés amamentados. *Lancet 7,* 13-14.

Coward, W. A., Cole, T. J., Sawyer, M. B., e Prentice, A. M. (1982). Breast milk intake measurement in mixed-fed infants by administration of deuterium oxide to their mothers. *Human Nutrition: Clinical Nutrition 36C,* 141-148.

Czeszynska, M. B. e Kowalik, K. (1998). Gravidez múltipla: Factores que contribuem para a amamentação precoce do bebé - Experiência própria. *Ata Geneticae Medicae et Gemellologiae, 47,* 191-196.

da Costa, M. H. T., Haisma, H., Wells, K. C. J., Mander, P. A., Whitehead, G. R., e Bluck, J. C. L. (2010). Qual a quantidade de leite humano que os bebés consomem? Dados de 12 países usando uma metodologia padronizada de isótopos estáveis. *The Journal of Nutrition 140,* 2227-2232.

Daniel, W. W. (1999). Biostatistics: A foundation for analysis in the health sciences, 7th Ed, John Wiley and Sons, Nova Iorque, Estados Unidos da América.

Dennis, C-L. (1999). Theoretical underpinnings of breastfeeding confidence: A self-efficacy framework. *Journal of Human Lactation 15*(3), 195-201.

Dennis, C-L., e Faux, S. (1999) Development and Psychometric Testing of the Breastfeeding Self-Efficacy Scale. *Research in Nursing & Health 22(5),* 399409.

Dewey, K, G., Cohen, R. J., Brown, K. H., e Rivera, L. L. (2001). Effects of exclusive breastfeeding for four versus six months on maternal nutritional status and infant motor development: results of two randomized trials in Honduras. *The Journal of Nutrition 131,* 262-267.

Dewey, K. G., Heinig, M. J., e Nommsen-Rivers, L. A. (1995). Differences in morbidity between breast-fed and formula-fed infants (Diferenças na morbilidade entre bebés amamentados e alimentados com fórmulas). *Journal of Pediatrics 126*(1), 696-701.

Doulougeri, K., Panagopoulou, E., e Montgomery, A. (2013). O impacto do stress materno no início e no estabelecimento do aleitamento materno. *Journal of Neonatal Nursing* (artigo impresso).

Drover, J. R., Hoffman, D. R., Castneda, Y. S., Morale, S. E., Garfield, S., Wheaton, D. H., e Birch, E. E. (2011). Função cognitiva em bebés de termo com 18 meses de idade do estudo DIAMOND: Um ensaio clínico aleatório e controlado com múltiplos níveis dietéticos de ácido docosahexaenóico. *Early Human Development 87(3),* 223-230.

Duong, V. D., Lee, H. A., e Binns, C. W. (2005). Determinants of breastfeeding within the first 6 months post-partum in rural Vietnam. *Journal of Paediatrics and Child Health 41,* 338 - 343.

Edmond, K., e Bahl, R. (2006). Optimal feeding of low birth weight infants (Alimentação óptima de bebés com baixo peso à nascença). Revisão técnica da OMS.

Fjeld, E., Siziya, S., Katepa-Bwalya, M., Kankasa, C., Moland, K. M., e Tylleskar, T. para o Grupo de Estudo PROMISE-EBF. (2008). 'Não irmã, só o peito não é suficiente para o meu bebé' uma avaliação qualitativa das potencialidades e barreiras na promoção do aleitamento materno exclusivo no sul da Zâmbia. *International Breastfeeding Journal 3*(26).

Fierro, P. P., *Twin and multiple birth rates.* Recuperado de http://multiples.about.com/od/funfacts/a/twinbirthrate.htm em 20 de setembro, 2 012.

Flidel-Rimon, O., e Shinwell, E. S. (2002). Amamentação de múltiplos. *Seminários em Neonatologia 7,* 231-239.

GHS lança campanha "Aduane Pa Ma Asetena Pa". Recuperado de www.goodlifeghana.com/ghs-launches-aduane-pa-campaign em 16 de julho, 2 013.

Regulamentos de Promoção do Aleitamento Materno do Gana (LI, 1667). (2000). Desenvolvido pela Divisão de Saúde Familiar, Serviço de Saúde do Gana, Acra, em colaboração com outros parceiros de desenvolvimento.

Serviço de Estatística do Gana (GSS), Serviço de Saúde do Gana (GHS), e ICF Macro. 2009. Inquérito Demográfico e de Saúde do Gana 2008. Accra, Gana: GSS, GHS, e ICF Macro.

Glinianaia, S. V., Pharoah, P. O. D., Wright, C., e Rankin, J. M., em nome do Northern Region Perinatal Mortality Survey Steering Group. (2002). Morte fetal ou infantil em gravidez gemelar: consequências para o neurodesenvolvimento do sobrevivente. *Archives of Disease in Childhood. Foetal and Neonatal Edition 86(1),* F9-F15.

Agência de Notícias do Gana (GNA), (2012). Prestar mais atenção à amamentação. *Daily Graphic,* 16th agosto, 2012, p11.

Grajeda, R., e Perez-Escamilla, R. (2002). O stress durante o trabalho de parto e o parto está associado ao atraso no início da lactação em mulheres guatemaltecas urbanas. *Journal of Nutrition 132,* 3055-3060.

Gregory, A., Penrose, K., Morrison, C., Dennis, C-L., e MacArthur, C. (2008). Psychometric properties of the breastfeeding self-efficacy scale-short form in an ethnically diverse U.K. sample. *Public Health Nursing 25*(3), 278-284.

Haisma, H., Coward, W. A., Albernaz, E., Visser, G. H., Wells, J. C. K., Wright, A., e Victora, C. G. (2003). Breast milk and energy intake in exclusively, predominantly and partially breastfed infants (Leite materno e consumo de energia em bebés amamentados exclusiva, predominante e parcialmente). *European Journal of Clinical Nutrition 57,* 1633-1642.

Haider, R., Rasheed, S., Sanghvi, G. T., Hassan, N., Pachon, H., Islam, S., e Jalal, S. B. C. (2010). Breastfeeding in infancy: identifying the program-relevant issues in Bangladesh. *International Breastfeeding Journal 5*(21), 1-12.

Henderson, G., Craig, S., Brocklehurst, P., e McGuire W. (2009). Enteral feeding regimens and necrotising enterocolitis in preterm infants: a multicentre case-control study. *Archives of Disease in Childhood. Foetal and Neonatal Edition 94,* F120-F123.

Hodnett, E. D., Fredericks, S., e Weston, J. (2010). Apoio durante a gravidez para mulheres com risco acrescido de bebés com baixo peso à nascença (Revisão). *Cochrane Database of Systematic Reviews 6,* 3-5.

Hoekstra, C., Zhao, Z. Z., Lambalk, C. B., Willemsen, G., Martin, N. G., Boomsma, D. I., e Montgomery, G. W. (2008). *Geminação Dizigótica Human Reproduction Update 14(1),* 37-47.

Hyde, M. J., Mostyn, A., Modi, N., e Kemp, P. R. (2012). As implicações para a saúde do nascimento por cesariana. *Biological Reviews 87,* 229-243.

Ibrahim, I., Oyeyemi, A., e Obilahi, A. (2012). Gravidez de gémeos no Delta do Níger, na Nigéria: uma análise de quatro anos. *Revista Internacional de Saúde da Mulher 4*, 245-249.

Agência Internacional da Energia Atómica [AIEA]. (2010). Técnica de isótopos estáveis para avaliar a ingestão de leite humano em bebés amamentados. *IAEA Human Health Series*, 7, 2075-3772.

Iliff, P. J., Piwoz, E. G., Tavengwa, N. V., Zunguza, C. D., Marinda, E. T., Nathoo, K. J., Moulton, L. H., Ward, B. J., Grupo de estudo ZVITAMBO e Humphrey, J. H. (2005). Early exclusive breastfeeding reduces the risk of postnatal HIV-1 transmission and increases HIV-free survival. *AIDS 19(7),* 699708.

Iyiola, O. A., Oyeyemi, F. B., Raheem, U. A., e Mark, F.O. (2013). Frequência de gemelaridade no Estado de Kwara, no centro-norte da Nigéria. *Jornal Egípcio de Genética*

Humana Médica 14(1), 29-35.

Jackson, S. C. (2012). Factores associados à auto-eficácia do aleitamento materno: depressão materna, ganho de peso do bebé e ingestão de leite. Dissertação de doutoramento, Texas Tech University, Texas, EUA.

Jones, G., Steketee, R. W., Black, R. E., Bhutta, Z. A., Morris, S. S., e The Bellagio Child Survival Study Group. (2003). How many child deaths can we prevent this year? *Lancet 362,* 65-71.

Jprgensen, M. H., Hernell, O., Hughes, E. L., e Michaelsen, K. F. (2001). Is There a Relation between Docosahexaenoic Acid Concentration in Mothers' Milk and Visual Development in Term Infants? *Journal of Paediatric Gastroenterology and Nutrition 32,* 293 - 296.

Kent, C. J., Mitoulas, R. L., Cregan, D. M., Ramsay, T. D., Doherty, A. D., e. Hartmann, E. P. (2006). Volume e frequência das mamadas e teor de gordura do leite materno ao longo do dia. *Pediatrics 117(3),* e387-e395.

Kielbratowska, B., Cwiek, D., Preis, K., Malinowski, W., e Hofman, A. (2010). Amamentação de gémeos. *Arquivos de Medicina Perinatal 16(4),* 201-205.

Koosha, A., Hashemifesharaki, R., e Mousavinasab, N. (2008). Breastfeeding patterns and factors determining exclusive breastfeeding (Padrões de aleitamento materno e factores que determinam o aleitamento materno exclusivo). *Singapore Medical Journal 49*(12), 1002-1006.

Ladomenou, F., Moschandreas, J., Kafatos, A., Tselentis, Y., e Galanakis, E. (2010). Protective effect of exclusive breastfeeding against infections during infancy: a prospective study (Efeito protetor do aleitamento materno exclusivo contra infecções durante a infância: um estudo prospetivo). *Archives of Disease in Childhood 95,* 1004-1008.

Leonard, L. G. (2000). Amamentação de trigémeos: The At-Home Experience. *Public Health Nursing 17(3),* 211-221.

Llewellyn-Jones D. (1998). *O bebé na gravidez* In: Every Woman, 9th ed., pp321-322. Safari Books Export Limited, Chanel Islands, Reino Unido, em associação com Spectrum Books limited, Ibadan, Nigéria.

Lucas, A., Morley, R., Cole, T. J., Lister, G., e Leeson-Payne, C. (1992). Breast milk and subsequent intelligence quotient in children born preterm. *Lancet 39(*8788), 261- 264 (abs).

McCarter-Spaulding, D., e Gore, R. (2009). Breastfeeding self-efficacy in women of African descent. *Journal of Obstetric, Gynaecologic and Neonatal Nursing 38,* 230-243.

Medoua, G. N., Nana, E. C. S., Ndzana, A. C. A., Makamto, C. S., Etame, L. S., Rikong, H. A., e Oyono, J. L. E. (2012). Práticas de aleitamento materno das mães dos Camarões determinadas pela recordação da dieta desde o nascimento e pela técnica de rotação do óxido de deutério da dose para a mãe. *Nutrição Materna e Infantil 8*(3), 330-339.

Moore, J. E. (2007). Multiple Births (Nascimentos Múltiplos): The art and science of caring for twins, triplets, and more (A arte e a ciência de cuidar de gémeos, trigémeos e mais). *Pediatrics in Review 28(3),* e9-e15.

Moore, S. E., Prentice, A. M., Coward, W. A., Wright, A., Frongillo, E. A., Fulford, A. J. C., Mander, A. P, Persson, L-A., Arifeen, S. E., e Kabir, I. (2007). Use of stable-isotope techniques to validate infant feeding practices reported by Bangladeshi women receiving breastfeeding counselling. *American Journal of Clinical Nutrition 85(4),* 1075-1082.

Mosuro, A. A., Agyapong, A. N., Opoku-Fofie, M., e Deen, S. (2001). Twinning rates in Ghana (Taxas de geminação no Gana). *Twin Research 4*(4), 238-241.

Mossman, M., Heaman, M., Dennis, C-L., e Morris, M. (2008). The influence of adolescent mother's breastfeeding confidence and attitudes on breastfeeding initiation and duration (A influência da confiança e das atitudes da mãe adolescente na iniciação e duração da amamentação). *Journal of Human Lactation 24(3),* 268277.

Nissen, E., Uvnas-Moberg, K., Svensson, K., Stock, S., Widstrom, A-M., e Winberg, J. (1996). Different patterns of oxytocin, prolactin but not cortisol release during breastfeeding in women delivered by caesarean section or by the vaginal route. *Early Human development 45,* 103-118.

Nkala, T. E., e Msuya, S. E. (2011). Prevalência e factores de previsão do aleitamento materno exclusivo entre as mulheres na região de Kigoma, na Tanzânia Ocidental: um estudo transversal de base comunitária. *International Breastfeeding Journal 6*(17), 2-7.

Nylander, P. P. (1981). Os factores que influenciam as taxas de gemelaridade. *Ata Genet Med Gamellol 30(3),* 189-202 (abs).

Oche, M. O., Umar, A. S., e Ahmed, H. (2011). Conhecimento e prática do aleitamento materno exclusivo em Kware, Nigéria. *Ciências da Saúde Africanas 11*(3), 518-523.

Ocloo, D. R. (2013). Suprir as necessidades de saúde das comunidades rurais e dos pobres urbanos: O New Crystal Group tem impacto na comunidade de Ashaiman. *Daily Graphic,* 13th April, 2013, pp26-27.

Olang, B., Farivar, K., Heidarzadeh, A., Strandvik, B., e Yngve, A. (2009). Breastfeeding in Iran: prevalence, duration and current recommendations (Aleitamento materno no Irão: prevalência, duração e recomendações actuais). *International Breastfeeding Journal 4(8),* 1-10.

Olusanya, B. O. (2011). Resultados perinatais de nascimentos múltiplos no sudoeste da Nigéria. *Jornal de Saúde, População e Nutrição 29*(6), 639-647.

Ooki, S., e Yokoyama, Y., (2004). Aleitamento materno e aleitamento com biberão de gémeos, trigémeos e nascimentos múltiplos de ordem superior. *Jornal Japonês de Saúde Pública 51,* 969 (abs).

Östlund, A., Nordstrom, M., Dykes, F., e Flacking, R. (2010). Amamentação em Gémeos Pré-termo e a Termo - Factores Maternos Associados à Cessação Precoce: A - Population-Based Study. *Journal of Human lactation 26(3),* 235-240.

Otoo, G. E., Lartey, A. A., e Perez-Escamilla, R. (2009). Perceived incentives and barriers to exclusive breastfeeding among periurban Ghanaian women. *Journal of Human Lactation 25*(1), 34-41.

Otoo, G. E., Marquis, G. S., Sellen, D. W., Chapman, D. J., e Perez-Escamilla, R. (2010). O estatuto de seronegativo para o VIH está associado a um início muito precoce da lactação entre as mulheres do Gana. *Journal of Human Lactation 26*(2), 107-117.

Otsuka, K., Dennis, C-L., Tatsuoka, H., e Jimba, M. (2008). The relationship between breastfeeding self-efficacy and perceived insufficient milk among Japanese mothers. *Journal of Obstetric, Gynaecologic, and Neonatal Nursing 37(5),* 546-555.

Oxford University Press. (2007). Oxford Concise Colour Medical Dictionary, 4th ed., pp 738. Oxford University Press Inc, Nova Iorque, EUA.

Perez-Escamilla, R., Maulen-Radovan, I., e Dewey, K. G. (1996). The association between cesarean delivery and breast-feeding outcomes among Mexican women. *American Journal of Public Health 86(6),* 832 - 836.

Perez-Escamilla, R. (2007). Promoção do aleitamento materno baseada em evidências: The Baby-Friendly Hospital Initiative. *The Journal of Nutrition 137(2),* 484-487.

Putthakeo, P., Ali, M., Ito, C., Vilayhong, P., e Chushi Kuroiwa C. (2009). Factores que influenciam o aleitamento materno em crianças com menos de 2 anos de idade na RDP do Laos. *Journal of Paediatrics and Child Health 45,* 487-492.

Saint, L., Maggiore, P., e Hartmann, P. E. (1986). Rendimento e teor de nutrientes do leite em oito mulheres que amamentam gémeos e uma mulher que amamenta trigémeos. *British Journal of Nutrition 56,* 49-58.

Sacco, L. M., Caulfield, L. E., Gittelsohn, J., e Martínez, H. (2006). A concetualização da perceção de leite insuficiente entre as mães mexicanas. *Journal of Human Lactation 22(3),* 277-286.

Samuel, T. M., Thomas, T., Bhat, S., e Kurpad, A. V. (2012). Os bebés nascidos em hospitais amigos dos bebés estão a ser amamentados exclusivamente até aos 6 meses de idade? *Jornal Europeu de Nutrição Clínica 66*(4), 459-465.

Savenije, O. E. M., e Brand, P. L. P. (2006). Exatidão e precisão do teste de pesagem para avaliar a ingestão de leite em bebés recém-nascidos. *Archives of Disease in Childhood. Foetal and Neonatal Edition 91(5),* F330-F332.

Smits, J., e Monden, C. (2011). Twinning across the developing world. *PLOS ONE 6*(9), e25239. Recuperado de http://www.plosone.Org/article/info:doi/10.1371/iournal.pone.0025239 em 8 de maio de 2013.

Talayero, J. M. P, n-Garcia, M. L., Puime, A. O., Muncharaz, M. J. B., Soto, B. B., Sanchez-Palomares, M., Serrano, L. S., e Rivera, L. L. (2006). Aleitamento materno completo e hospitalização por infecções no primeiro ano de vida. *Pediatrics 118,* e92-e97.

Tamiru, D., Belachew, T., Loha, E., e Mohammed, S. (2012). Amamentação subótima de bebés durante os primeiros seis meses e factores associados em comunidades rurais de Jimma Arjo Woreda, Sudoeste da Etiópia. *Biomed Central Public Health 12(363),* 1-9.

Tung, K-H., Goodman, M. T., Wu, A. H., McDuffie, K., Wilkens, L. R., Kolonel, L. N., Nomura, A. M. Y., Terada, K. Y., Carney, M. E., e Sobin, L. H. (2003). Reproductive factors and epithelial ovarian cancer risk by histologic type: a multi-ethnic case-control study. *American Journal of Epidemiology 158(7'),* 629638.

Ukegbu, A. U., Ukegbu, P. O., Okpara, M., Onyeonoro, U. U., e Ubajaka, C. F. (2011). Determinantes dos padrões de aleitamento materno entre as mães no Estado de Anambra, Nigéria. *South Africa Journal of Child Health 5*(4), 112-116.

UNICEF (2008). Visão geral dos padrões de aleitamento materno. Recuperado de http://www.childinfo.org/breastfeeding ghana.html em 7 de maio de 2013.

Vassilaki, M., Chatzi, L., Bagkeris, E., Papadopoulou, E., Karachaliou, M., Koutis, A., Philalithis, A., e Kogevinas, M. (2012). Tabagismo e partos por cesariana: principais preditores negativos para a amamentação na coorte mãe-filho em Creta, Grécia (estudo Rhea). *Maternal and Child Nutrition,* 1-12.

Wells, C. K. J., Jonsdottir, H. O., Hibberd, L. P., Fewtrell, S. M., Thorsdottir, I., Eaton, S., Lucas, A., Gunnlaugsson, G., e Kleinman, E. R. (2012). Ensaio controlado aleatório de 4 em comparação com 6 meses de amamentação exclusiva na Islândia: diferenças na ingestão de leite materno por sonda de isótopos estáveis. *American Journal of Clinical Nutrition 96,* 73-79.

Wheeler, B. J., e Dennis, C-L. (2013). Teste psicométrico da escala modificada de auto-eficácia da amamentação (forma curta) entre mães de bebés doentes ou prematuros. *Journal of Obstetric, Gynaecologic, and Neonatal Nursing 42*(1), 70-80.

Organização Mundial de Saúde (2002): *The optimal duration of exclusive breastfeeding: A Systematic Review.* Genebra: Organização Mundial de Saúde.

Yokoyama, Y., Wada, S., Sugimoto, M., Katayama, M., e Sono, J. (2006). Breastfeeding rates among singletons, twins and triplets in Japan: a populationbased study. *Twin Research and Human Genetics 9*(2), 298-302.

Yokoyama, Y., e Ooki, S. (2004). Aleitamento materno e aleitamento com biberão de gémeos, trigémeos e nascimentos múltiplos de ordem superior. *Jornal Japonês de Saúde Pública 51,* 969-974.

Zanardo, V., Svegliado, G., Cavallin, F., Giustardi, A., Cosmi, E., Litta, P., e Trevisanuto, D. (2010). Parto cesáreo eletivo: tem um efeito negativo sobre a amamentação? *Birth 37*(4), 275-279.

APÊNDICES

APÊNDICE I

DEPARTAMENTO DE NUTRIÇÃO E CIÊNCIA ALIMENTAR UNIVERSIDADE DO GANA

FACTORES ASSOCIADOS AO ALEITAMENTO MATERNO EXCLUSIVO DE GÉMEOS GANESES

FORMULÁRIO DE CONSENTIMENTO INFORMADO

Título: Factores associados ao aleitamento materno exclusivo de gémeos ganeses.

Investigador principal: Jane Appiaduah Odei

Endereço: Universidade do Gana, Departamento de Nutrição e Ciência Alimentar, Legon, Accra.

Informações gerais sobre a investigação

Você e o(s) seu(s) filho(s) estão a ser convidados a participar num estudo que visa determinar os vários factores que influenciam os padrões de aleitamento materno exclusivo das mães de gémeos, bem como das mães de filhos únicos. É importante saber isto porque a informação deste estudo pode ser utilizada para aconselhar melhor as mães que amamentam, especialmente as que têm gémeos.

Se concordar em participar neste estudo, ser-lhe-ão feitas algumas perguntas pessoais, tais como a sua idade, nível de escolaridade, onde vive, número de filhos que tem; informações sobre o nascimento do seu bebé, tais como peso à nascença, idade ao nascer (idade gestacional), capacidade de sucção à nascença, tipo de alimentação e utilização da incubadora; a sua história biomédica, tal como o tipo de parto, conselhos pré-natais e de amamentação recebidos. Este exame demora cerca de 45 minutos a 1 hora. Será pesada com o mínimo de roupa (sem jóias, cintos ou tecidos pesados) numa balança eletrónica, enquanto o seu filho (ou filhos) será pesado nu numa balança para bebés. A sua altura e o comprimento do(s) seu(s) bebé(s) também são medidos. Para avaliar a quantidade de leite materno que produz num dia, os membros da equipa de investigação visitam-na a si e ao(s) seu(s) filho(s) em casa ou num local adequado. Durante a visita, ser-lhe-á servida uma pequena bola de algodão para mastigar, para que possa produzir saliva suficiente. Cerca de 25 ml da saliva que produzir serão levados para o laboratório para análise. Para obter um volume semelhante de saliva do(s) seu(s) bebé(s), será utilizado um pequeno bastão de plástico com um dos lados coberto de algodão. Após a recolha da quantidade inicial de saliva, ser-lhe-á dado um pequeno volume (30 ml) de água misturada com um composto estável chamado deutério (água pesada) para beber através de uma palhinha. Nos dias 1, 2, 3, 4, 13 e 14, depois de ter tomado a água administrada, também chamada água pesada, serão novamente colhidas amostras de saliva de si e do(s) seu(s) bebé(s), de forma semelhante à explicada anteriormente. A água pesada que beberá não lhe fará mal a si nem ao(s) seu(s) filho(s) e tem um sabor semelhante ao da água normal.

Possíveis riscos e desconfortos

Não haverá qualquer dano físico ou dor para si e para o seu bebé. No entanto, o tempo necessário para responder às perguntas e para recolher as amostras de saliva pode causar-lhe algum incómodo. É possível que algumas das perguntas a fazer possam causar algum desconforto ou invadir a sua privacidade.

É livre de optar por não responder a qualquer pergunta com a qual não se sinta à vontade ou que não queira discutir e pode interromper a entrevista em qualquer altura. Pode também recusar a entrada da equipa de investigação em sua casa.

Benefícios possíveis

Você e o(s) seu(s) filho(s) podem não beneficiar pessoalmente da participação neste estudo, no entanto, os conhecimentos adquiridos com esta investigação serão úteis para a sociedade em geral.

Confidencialidade

As informações obtidas com a sua participação serão mantidas estritamente confidenciais. Os resultados desta investigação poderão ser utilizados em apresentações e/ou trabalhos de investigação. No entanto, o seu nome e o do(s) seu(s) filho(s) nunca serão utilizados em qualquer apresentação, documento ou relatório. Também deve saber que o Conselho de Revisão Institucional (IRB) do Noguchi Memorial Institute of Medical Research pode inspecionar os registos do estudo como parte do seu programa de auditoria, mas estas revisões centrar-se-ão apenas no investigador e não nas suas respostas ou envolvimento. O IRB é um grupo de pessoas que revê os estudos de investigação para garantir que são seguros para os participantes.

Compensação

Você e o seu filho (ou filhos) não pagarão nada por participarem no estudo. Receberão um presente de agradecimento de 3 bolos de sabão pela vossa participação no final do estudo.

Participação voluntária e direito de abandonar a investigação

A participação neste estudo é voluntária. É livre de decidir se quer ou não participar neste estudo. Se decidir participar mas mudar de ideias mais tarde, pode retirar a sua participação sem qualquer penalização.

Contactos para informações adicionais

Se tiver outras questões ou preocupações relacionadas com a sua participação neste estudo, pode contactar Jane Odei através do número de telefone 020-8444288 ou 0303402173 ou por correio eletrónico em jane_odei@yahoo.com. Anna Lartey, a principal supervisora da investigação, também pode ser contactada através do número de telefone 0244237188.

Os seus direitos enquanto Participante

Esta investigação foi analisada e aprovada pelo Conselho de Revisão Institucional do Noguchi Memorial Institute for Medical Research (NMIMR-IRB). Se tiver alguma dúvida sobre os seus direitos enquanto participante na investigação, pode contactar o gabinete do IRB entre as 8h00 e as 17h00 através do número de telefone fixo 0302916438 ou dos endereços de correio eletrónico: nirb@noguchi.mimcom.org ou HBaidoo@noguchi.mimcom.org.

ACORDO DE VOLUNTARIADO

O documento acima, que descreve os benefícios, riscos e procedimentos da investigação intitulada **Factores associados à amamentação exclusiva de gémeos ganeses,** foi-me lido e explicado. Foi-me dada a oportunidade de obter respostas satisfatórias às minhas perguntas sobre o estudo. Concordo em participar como voluntário.

....

Data e data — Nome e assinatura ou marca do Voluntário

Se o voluntário não puder ler o formulário, deve ser assinado por uma testemunha:

Eu estava presente quando os benefícios, riscos e procedimentos foram lidos ao voluntário. Todas as perguntas foram respondidas de forma satisfatória e o voluntário concordou em participar na investigação.

....

Data da assinatura — Nome e assinatura da testemunha

Certifico que a natureza e o objetivo, os potenciais benefícios e os possíveis riscos associados à participação neste estudo foram explicados à pessoa acima referida.

....

Data do consentimento — Nome/assinatura da pessoa que obteve o consentimento

APÊNDICE II

DEPARTAMENTO DE NUTRIÇÃO E CIÊNCIA ALIMENTAR UNIVERSIDADE DO GANA

FACTORES ASSOCIADOS AO ALEITAMENTO MATERNO EXCLUSIVO DE GÉMEOS GANESES

QUESTIONÁRIO DO ESTUDO

INFORMAÇÃO DE BASE

Número de identificação do par mãe-bebé: ....

Nome do entrevistador: ....

Língua do entrevistador: ....

Data da entrevista (DD/MM/AA): ....

Par mãe-singleton ☐ Par mãe-gémeo ☐

INFORMAÇÃO MATERNA

A. Dados demográficos

1. Nome: ....

2. Número de telefone: ....

3. Onde é que fica? ....

4. Qual é a sua religião? **1** = Cristã **2** = Islâmica **3** = Tradicional **4** = Outra (especificar) ....

5. Qual é a sua idade em anos completos? ....

6. Qual é o seu estado civil? **1** = Solteiro **2** = Casado **3** = Divorciado **4** = Coabitante **5** = Viúvo

7. Qual é o seu nível de educação mais elevado?

1 = **2** = Escola primária **3** = Escola secundária/ensino médio

4 = **5** = Universidade/politécnico

8. a. Qual é a sua atividade principal? **1** = Agricultor **2** = Peixeiro **3** = Artesão (costureira, cabeleireiro) **4** = Comerciante **5** = Trabalhador assalariado

b. Trabalha fora de casa? **1** = NÃO **2** = SIM

9. Qual é, em média, o seu rendimento mensal?

1 = GH₵5 - 149 **2** = GH₵150 - 300 **3** =GH₵310 - 500 **4** = GH₵510 - 1000

5 = GH₵1100 - 1500 **6** = > GH₵1,500 **7** = Outro (especificar) **8** = Não sei

10. Em que tipo de casa vive?**1** = Casa própria **2** = Apartamento alugado **3** = Propriedade do Estado **4** = Outra (especificar)

11. Quantos quartos estão disponíveis para si na casa?

12. Quantas pessoas vivem no seu agregado familiar?

13. Tem em sua casa algum dos seguintes objectos (Resposta **1** = NÃO ou 2 = SIM)

ITEM	**SIM/NÃO** **1** = NÃO **2=** SIM	**QUANTIDADE**
Rádio		
Televisão		
Frigorífico/congelador		
Telefone		
Ar condicionado/ventilador		
Internet		
Computador (Desktop/Laptop)		

14. Qual é o seu meio de transporte quando sai de casa?1=Carro **particular** 2=Motocicleta 3=Transporte público 4=Bicicleta

B. Biomédico/Biocultural

1. Quantos filhos tem?

2. Tem gémeos? **1** = Não **2** = Sim

3. Planeou engravidar? **1** = Planeada **2** = Não planeada

4. Frequentou a clínica pré-natal quando estava grávida?1=Não **2** = Sim

5. Onde? **1** = Hospital/Policlínica **2** = Clínica privada/Casa de maternidade

3 = Parteira tradicional (TBA)

6. Onde deu à luz o(s) seu(s) filho(s) - (gémeos)?**1=** Hospital/Policlínica **2=** Clínica privada/Casa de parto **3=** TBA **4** = Outro (especificar)

7. Que tipo de parto teve?1=Parto **vaginal** 2=Cesariana **electiva 3=Cesariana** de emergência

Q8 e Q9 Apenas para mulheres que tiveram um parto por cesariana

7. Recebeu anestesia durante o parto? **1** = Não **2** = Sim

8. Que tipo de anestesia recebeu?

1 = Anestesia geral **2** = Anestesia local (epidural)

9. Quanto tempo depois do nascimento deu o peito ao seu bebé (ou bebés) **pela primeira vez**?

1 = Dentro de 30 minutos **2** = Dentro de 1 hora **3** = Dentro de um dia **4** = Depois de 1 dia

10. Quanto tempo depois do parto é que o seu leite começou a sair ou a fluir?

1 =Dentro de um dia **2** =Dentro de 2 dias **3** =Dentro de 3 dias **4** =Após 4 dias

11) Nas **últimas 24 horas,** deu algum destes produtos ao(s) seu(s) filho(s)?

1 = NÃO **2** = SIM

	CANTO	**Gémeo 1**	**Gémeo 2**
a. Leite materno			
b. Água			
c. Sumo de fruta			
d. Solução de SRO			
e. Solução de glucose			
f. Papas de aveia (koko)			
g. Fórmula			
h. Mpotompoto			
i. Kenkey gelado (puré de kenkey)			
j. Arroz			
k. Inhame			

12) No último **mês**, deu algum destes produtos ao(s) seu(s) filho(s)?

1 = NÃO **2** = SIM

	CANTO	**Gémeo 1**	**Gémeo 2**
a. Leite materno			
b. Água			
c. Sumo de fruta			
d. Solução de SRO			
e. Solução de glucose			
f. Papas de aveia (koko)			
g. Fórmula			
h. Mpotompoto			
i. Ice kenkey (puré de kenkey)			
j. Arroz			
k. Inhame			

13. Recebeu apoio das seguintes pessoas para a sua atual alimentação infantil?

a. Cônjuge **1** = Não **2** = Sim

b. Família **1** = Não **2** = Sim

c. Amigos **1** = Não **2** = Sim

14) Recebeu conselhos sobre amamentação das seguintes pessoas em qualquer altura durante a gravidez e o parto? (**1** = Não; **2** = Sim)

Tempo/ fonte de aconselhamento	**Cônjuge**	**Familiares**	**Amigos**	**Estabelecimento de saúde**
Pré-natal (antes do nascimento)				
Perinatal (logo após o nascimento da criança)				
Pós-natal (após o nascimento)				

15. Quando estava grávida, tencionava amamentar exclusivamente o seu filho, após o parto, até aos 6 meses? **1** = Não **2** = Sim

16. a. Quantas vezes por dia amamentou o seu filho ontem?

b. Porquê? ....

C. Auto-eficácia materna

1. Acha que consegue produzir diariamente leite materno suficiente para satisfazer o(s) seu(s) filho(s) até aos seis meses de idade? **1** = Não **2** = Sim

2. Para cada uma das seguintes afirmações, escolha a resposta que melhor descreve o seu grau de confiança na amamentação do seu novo bebé. Assinale a sua resposta com um círculo à volta do número que mais se aproxima do que sente. Não existe uma resposta certa ou errada.

1 = nada confiante
2 = não muito confiante
3 = por vezes confiante
4 = confiante
5 = muito confiante

		De modo algum Confiante				**Muito Confiante**
	Posso sempre determinar se o(s) meu(s) bebé(s) está(ão) a receber leite suficiente	1	2	3	4	5
	Posso sempre lidar com sucesso com a EBF, tal como fiz com outras tarefas difíceis	1	2	3	4	5

	Posso sempre amamentar o(s) meu(s) bebé(s) sem utilizar o leite em pó como suplemento	1	2	3	4	5
	Posso sempre garantir que o(s) meu(s) bebé(s) está(ão) devidamente agarrado(s) durante toda a alimentação	1	2	3	4	5
	Posso sempre gerir a situação da EBF de forma satisfatória	1	2	3	4	5
	Consigo sempre amamentar mesmo que o(s) meu(s) bebé(s) esteja(m) a chorar	1	2	3	4	5
	Posso sempre continuar a querer amamentar	1	2	3	4	5
	Posso sempre ter uma EBF confortável com os meus familiares presentes	1	2	3	4	5
	Posso estar sempre satisfeita com a minha experiência de EBF	1	2	3	4	5
	Posso sempre lidar com o facto de a EBF poder consumir muito tempo	1	2	3	4	5
	Posso sempre acabar de alimentar o(s) meu(s) bebé(s) com um peito antes de mudar para o outro peito	1	2	3	4	5
	Posso sempre continuar a amamentar o(s) meu(s) bebé(s) em todas as refeições	1	2	3	4	5
	Consigo sempre acompanhar as necessidades de amamentação do meu bebé (ou bebés)	1	2	3	4	5
	Consigo sempre saber quando o(s) meu(s) bebé(s) acabou(aram) de mamar	1	2	3	4	5

INFORMAÇÃO PARA BEBÉS

A. Dados de base

1. Qual é (são) o(s) nome(s) do(s) seu(s) filho(s)?

Singleton ....

1st twin ....

2nd twin ....

2. Qual é o sexo do seu filho (ou filhos) **1** = Masculino **2** = Feminino Singleton ☐ 1st twin ☐ 2nd twin ☐

3. Qual é a data de nascimento do(s) seu(s) filho(s) (DD/MM/AA) ☐☐☐☐☐☐

4. Qual é a idade do(s) seu(s) filho(s) em meses completos? ....

5. Qual era a idade (**em semanas**) do(s) seu(s) filho(s) **à nascença**? ....

6. Qual é o peso à nascença (**em kg**) do(s) seu(s) filho(s)?

Singleton .... 1st twin .... 2nd twin .... BTHWT

7. Qual é a sua perceção da capacidade de amamentação do(s) seu(s) filho(s) à nascença? (**1** = Má **2** = Normal) Singleton 1 ☐ st twin ☐ 2nd twin ☐

8. a. O(s) seu(s) filho(s) foi(ram) admitido(s) na unidade de cuidados intensivos neonatais (UCIN) após o parto? **1** = Não **2** = Sim **(se Não, vá para os dados de morbilidade)** Singleton ☐ 1st twin ☐ 2nd twin ☐

b. Durante quanto tempo (em semanas) o(s) seu(s) filho(s) esteve(aram) lá?

Singleton .... wks. 1st gémeo .... wks. 2nd gémeo ....wks.

c. Como é que o seu filho (ou filhos) foi (foram) alimentado(s) na UCIN?

....
....
....

d. Que alimentos foram dados ao seu filho (ou filhos) durante o internamento na UCIN?

....
....

B. Dados sobre a morbilidade

1. Nas **últimas 24 horas**, o(s) seu(s) filho(s) sofreu(aram) de alguma das seguintes doenças? **1** = Não **2** = Sim **9** = Não aplicável (N/A)

a. Diarreia

Singleton ☐

Gémeo#1 ☐

Gémeo#2 ☐

b. Febre

Singleton ☐

Gémeo#1 ☐

Gémeo#2 ☐

c. Tosse

Singleton ☐

Gémeo#1 ☐

Gémeo#2 ☐

d. Constipação/nariz a pingar

Singleton ☐

Gémeo#1 ☐

Gémeo#2 ☐

2. Nas **últimas 2 semanas**, o(s) seu(s) filho(s) sofreu(aram) de alguma das seguintes doenças? **1** = Não **2** = Sim **9** = Não aplicável (N/A)

a. Diarreia

Singleton ☐

Gémeo#1 ☐

Gémeo#2 ☐

b. Febre

Singleton ☐

Gémeo#1 ☐

Gémeo#2 ☐

c. Tosse

Singleton ☐

Gémeo#1 ☐

Gémeo#2 ☐

d. Constipação/nariz a pingar

Singleton ☐

Gémeo#1 ☐

Gémeo#2 ☐

APÊNDICE III

DEPARTAMENTO DE NUTRIÇÃO E CIÊNCIA ALIMENTAR UNIVERSIDADE DO GANA

FACTORES ASSOCIADOS AO ALEITAMENTO MATERNO EXCLUSIVO DE GÉMEOS GANESES

<u>Ficha de dosagem de óxido de deutério (água pesada) (Mãe - par Singleton)</u>

Não.		Mãe			Bebé		
1.	Data da dose (Dia 0)						
2.	Nome						
3.	Identificação do par mãe-bebé						
4.	Data de nascimento (DD/MM/AA)						
5.	Peso corporal (kg) **Dia 0**	1st	2nd	Média	1st	2nd	Média
6.	Peso corporal (kg) **Dia 14**	1st	2nd	Média	1st	2nd	Média
7.	Altura/comprimento (cm)	1st	2nd	Média	1st	2nd	Média
8.	Data e hora da amostra de saliva **da linha de base (Dia 0)**						
9.	Número da dose				Não aplicável		
10.	Hora da toma da dose				Não aplicável		
11.	Data e hora: Amostra de saliva **do dia 1**						
12.	Data e hora: Amostra de saliva **do dia 2**						
13.	Data e hora: Amostra de saliva **do dia 3**						
14.	Data e hora: Amostra de saliva **do 4º dia**						
15.	Data e hora: Amostra de saliva **do 13º dia**						
16.	Data e hora: Amostra de saliva **do 14º dia**						

APÊNDICE IV

DEPARTAMENTO DE NUTRIÇÃO E CIÊNCIA ALIMENTAR UNIVERSIDADE DO GANA

FACTORES ASSOCIADOS AO ALEITAMENTO MATERNO EXCLUSIVO DE GÉMEOS GANESES

Ficha de dosagem de óxido de deutério (água pesada) (Mãe - Par de gémeos)

Não.		Mãe			1st twin (A)			2nd twin (B)		
1.	Data da dose (Dia 0)									
2.	Nome									
3.	Identificação do par mãe-bebé									
4.	Data de nascimento (DD/MM/AA)									
5.	Peso corporal (kg) **Dia 0**	1st	2nd	Média	1st	2nd	Média	1st	2nd	Média
6.	Peso corporal (kg) **Dia 14**	1st	2nd	Média	1st	2nd	Média	1st	2nd	Média
7.	Altura/comprimento (cm)	1st	2nd	Média	1st	2nd	Média	1st	2nd	Média
8.	Data e hora da amostra de saliva **da linha de base (Dia 0)**									
9.	Número da dose				Não aplicável			Não aplicável		
10.	Hora da toma da dose				Não aplicável			Não aplicável		
11.	Data e hora: Amostra de saliva **do dia 1**									
12.	Data e hora: Amostra de saliva **do dia 2**									
13.	Data e hora: Amostra de saliva **do dia 3**									
14.	Data e hora: Amostra de saliva **do 4º dia**									
15.	Data e hora: Amostra de saliva **do 13º dia**									
16.	Data e hora: Amostra de saliva **do 14º dia**									

MIX
Papier aus verantwortungsvollen Quellen
Paper from responsible sources
FSC® C105338

Printed by Books on Demand GmbH, Norderstedt / Germany